패러다임을 바꾸어 성공한

# 청 년 농 부

패러다임을 바꾸어 성공한

# 청년 농부

니시타 에이키 지음
노경아 옮김

북스힐

# 서문

> 대출금도, 보조금도, 농약도, 비료도, 폐기도, 대규모 농지도, 비싼 농기계도, 광고비도 없이 어떻게 연매출 1,200만 엔을 달성할 수 있었을까?

'농사로 돈을 번다는 것은 행복한 일이다!'

이 말은 1999년에 농업을 시작하고 농부로 살면서 깨달은 사실입니다.

하지만 이렇게 당당하게 말하면,

'농사가 그렇게 만만하지 않을 텐데?'

라고 분명 고개를 갸웃거리는 사람이 있을 것입니다.

실제로 제가 농사를 짓겠다고 결심했을 때도 제 주변에는

"자금도, 경험도 없는 초보에게는 무리야."

라고 따끔하게 충고하는 사람이 많았습니다.

그들의 말처럼 넉넉한 자금도, 농사 경험도, 넓은 땅도 없는 상황에서 회사원을 그만두고 농부가 되겠다고 결심했을 때, 저는 다

음 세 가지 원칙을 마음속 깊이 새겼습니다.

- 농업에 관한 '고정관념'에 얽매이지 않는다.
- 확실한 '돈벌이'를 지향한다.
- 농업은 목적이 아닌 '수단'이라는 것을 잊지 말아라.

'농사는 단순히 농산물을 키워서 파는 일'이라는 고정관념을 버리고 '농사는 논밭을 무대로 하는 공연'이라고 생각하면 그 가능성이 무한히 커집니다.

농사도 수익창출이 되어야 한다는 말이 당연하게 들릴 수 있습니다. 그러나 농업에 종사하는 사람 중에는 '자연에 맡긴다', '시장에 맡긴다'라며 모든 것을 외부 요인에 의존하는 사람이 의외로 많습니다. 하지만 그런 태도로는 원하는 만큼의 수익을 낼 수 없습니다. 스스로 주체가 되어 농사를 이끌어 나가야 합니다.

그리고 농사를 짓는 목적은 행복해지는 것입니다. 이 점을 헷갈려서는 안 됩니다.

이렇듯 세 원칙을 지킨 결과, 다음과 같은 성과를 얻었습니다.

- 대출금 없음 : 영농 자금조차 빌리지 않았음
- 보조금 없음 : 행정 기관에 전혀 의존하지 않는 구조
- 농약 없음 : 처음부터 농약을 쓰지 않는 농법 채택
- 비료 없음 : 도중에 무비료 농법으로 전환

- 폐기 없음 : 예약 판매, 가공 판매로 채소 폐기를 없앰
- 넓은 농지 없음 : 경지 면적이 보통 농가의 10분의 1 이하인 '일본에서 가장 작은 전업농가'
- 비싼 기계 없음 : 3만 엔짜리 중고 농기계를 주로 사용
- 광고비 없음 : 한 번도 유료 광고를 하지 않았음

이러한 방식은 일반 농가에서는 생각하기 어려운 일입니다.

이런 성과는 결국 '즐거운 노동'으로도 이어졌습니다. 아직도 농업에 대해 다음과 같은 고정관념을 가진 사람이 많습니다.

'농사로는 돈 벌기 힘들다.'

'농사를 시작하려면 농기구, 설비 등에 막대한 자금을 들여야 한다.'

'보조금 없이는 농사가 불가능하다.'

'농사 기술을 습득하려면 오랜 시간이 걸린다.'

'대규모 농사가 아니면 승산이 없다.'

'반드시 남의 일손을 빌려야 한다.'

'기후에 따라 수입이 크게 변동한다.'

'자연을 상대해야 하므로 쉬는 날이 없다.'

농수산성•의 '농업 경영 통계 조사'(2011년)에 따르면, 전업농가

---

• 일본의 식재료를 관리하는 관청인 '농림수산성'의 약칭. 우리나라는 농림축산식품부와 해양수산부에서 식품을 나누어 관리한다.(역주)

의 평균 연소득은 200만 엔이고 농가를 처음 개업하는 데 드는 비용은 평균 약 1,000만 엔이었습니다. 또 겸업농가까지 포함한 일본 농가의 평균 경지 면적은 2.27헥타르(22,700 $m^2$)였습니다. 그리고 전업농가로 먹고살려면 논농사에는 20헥타르(200,000 $m^2$) 이상, 밭농사에는 3헥타르(30,000 $m^2$) 이상이 필요한 것으로 나타났습니다.

이런 데이터만 보면 농사를 시작하기도 어렵고 설령 시작했다고 해도 지속하기 어렵겠다고 생각하기 쉽지만, 사실은 그렇지 않습니다.

저는 이시카와(石川)현 노미(能美) 시(현청 소재지인 가나자와(金沢) 역에서 기차로 약 30분 거리)에서 자칭 '일본에서 제일 작은 농가'인 '후우라이(風来)'를 운영하고 있습니다(제 닉네임은 '하라 씨(原さん)').

얼마나 작은가 하면 작은 비닐하우스 4동을 포함한 경지 면적 전체가 0.3헥타르(3,000 $m^2$)에 불과합니다. 축구장 반 정도 되는 면적이지요. 일반 채소 농가 대부분이 3헥타르(30,000 $m^2$) 이상이므로 그 10분의 1 정도 되는 규모입니다.

초기 투자 금액은 겨우 143만 엔이었고 지금까지 대출이나 보조금을 받은 적도 없습니다.

노동력은 우리 부부뿐입니다. 둘이서 소량 다품종 전략에 따라 50품종 이상의 채소를 재배하며, 채소 세트, 수제 절임, 수제 과자 등을 점포와 인터넷을 통해 직판함으로써 연간 매출 1,200만 엔, 소득은 약 600만 엔을 유지하고 있습니다.

대단한 수입이 아니라고 생각할지도 모르지만, 저는 생명의 원천인 식재료를 공급한 대가로 고객들에게 감사의 인사를 넘치게 들을 뿐만 아니라 세 아이를 포함한 가족과의 시간을 함께하면서 무리 없이 일하고 있습니다. 현재는 농부로서의 생활이 매우 만족스럽고 행복합니다.

물론 대규모 농가가 보조금을 받는 게 나쁘다는 말은 아닙니다. 농지를 지키는 일은 나라의 땅을 지키는 일이기도 하기 때문입니다.

식품 안전 보장이라는 측면에서는 대규모 논밭을 보유한 농가에 보조금을 더 지급해도 좋을 것 같습니다. 다만, 앞으로 회사원 생활을 그만두고 농사를 지으려는 사람에게는 되도록 보조금이나 대출금 없이 시작하라고 권하고 싶습니다.

대출금이 없어야 마음이 편하고, 보조금을 안 받은 농가만큼 자유로운 것이 없기 때문입니다.

새삼 생각해 보면, '농가'라는 말도 너무 두루뭉술합니다.

규모나 방식이나 작물 종류가 제각각인데도 농산물을 키운다는 이유로 뭉뚱그려 '농가'로 부르는 것은 무리가 있습니다. 대규모 농가는 대규모 나름의 방식이, 소규모 농가는 소규모 나름의 방식이 있으니까요.

호텔업을 동경했던 저는 대학을 졸업한 후 바텐더로 일하다가 호주에서 1년간 유학했고 귀국 후에는 한 비즈니스호텔 체인의 지배인으로 일했습니다.

바텐더 시절에는 서비스업의 기초를, 일본에서 멀리 떨어진 호주에서는 세상을 객관적으로 보는 시각을, 그리고 호텔에서는 경리와 관리, 마케팅, IT 기술을 배웠습니다. 그러한 경험이 지금은 유용한 자본이 되었습니다. 그리고 그 모든 경험을 살릴 수 있었던 분야가 바로 '작은 농업' 즉 '소규모 다양성 농업'이었습니다.•

귀농을 결심한 것은 서비스업의 관점에서 보아 농업도 충분히 비즈니스 기회가 있다고 판단했기 때문입니다. 서비스업의 관점이란, 곧 '소비자 관점'으로 바꾸어 말할 수 있습니다.

농산물을 판매하는 농업에 종사하다 보면 아무래도 원재료를 취급하는 생산자의 관점에 머무르기 쉬운데, 그보다는 상품을 원재료 단계에서부터 키워 소비자에게 보낸다는 '서비스업의 관점'이 필요합니다.

후우라이도 '김치'라는 상품을 소비자에게 보낸다는 서비스업의 관점에서부터 출발했습니다.

제 어머니는 동네에서 요리 잘하기로 소문난 아주머니로, 절임 등 반찬을 대량으로 만들어 동네 사람들에게 나누어 주기를 좋아했습니다.

그중에서도 일본인의 입맛에 잘 맞게 담근 김치야말로 어머니의 최고의 음식이자 제 소울푸드였습니다. 알맞은 품종의 배추와 마늘을 직접 재배하여 김치를 담갔기에 가능한 일이었습니다.

---

• 일본에서 제일 작은 전업 농가라는 뜻으로 '소규모 다양성 농업'을 지칭한다. 저자가 고안하여 현재 운영하고 있는 회사명도 '텃밭생활 후우라이'이다. 이 책에서는 고유명사 그대로 후우라이로 사용하였다.(역주)

최근엔 김치의 '양념'까지 직접 만든다고 말하는 가공 업체가 많지만, 농가에서는 김치의 가장 중요한 재료인 '배추 품종'까지 엄선하여 직접 기를 수 있습니다(단, 요즘 후우라이에서는 절임용 채소를 이웃 농가에 위탁하여 키우고 있음).

후우라이는 판매 방식도 고객의 시선, 소비자의 관점으로 결정합니다.

'절임 식품의 양을 얼마 크기로 포장해야 관리가 편할까?', '한 점 크기가 어느 정도여야 집기 편할까?', '채소 세트에 어떤 채소끼리 묶여 있어야 주부가 식단을 짜기 좋을까?'를 고민하는 것입니다. 우리의 상황에 맞추기보다 고객의 상황에 맞춤으로써 반복 구매를 유도하려고 노력합니다.

요즘은 개인이 소규모 농업을 시작하기 무척 좋은 시대입니다.

식품 안전에 대한 사회의 의식이 높아졌고 농업에 대한 이해가 깊어졌으며, 인터넷 환경도 변했습니다. 특히 페이스북을 비롯한 다양한 SNS는 농산물 마케팅에 매우 좋은 효과를 줍니다.

반대로, 일반 경영을 둘러싼 사회 환경은 점점 어려워지고 있습니다. 비정규직의 비중이 늘어나 도시바나 샤프 같은 대기업도 경영 부진에 빠지는 시대입니다. 개인들도 평생직장의 개념이 사라지고 미래가 불확실한 시기에 있습니다.

한편 노동력만 있다면 '먹을거리'를 스스로 생산하는 '농업'이라는 일은 세상 무엇과도 바꿀 수 없는 편안함을 줍니다. 정년이 없고 한번 익힌 지혜를 잃어버릴 염려가 없다는 것도 큰 장점입니다.

예전에는 매출이나 이익을 추구하기보다는 자연을 동경하고 자연으로 회귀할 목적으로 귀농하는 사람이 많았지만, 이제는 농업을 '대체 직업'으로 삼아 장래의 불안을 해소하고 위험을 분산하려는 사람이 늘고 있습니다.

저는 경험도, 자금도, 넓은 농지도, 판매 경로도 없었습니다. 이처럼 얼마 전까지만 해도 회사원이었던 사람이 아무것도 없는 상태에서 시작했기 때문에 오히려 고정관념에 사로잡히지 않고 편하게 기회를 포착할 수 있었습니다.

농업을 동경하면서도 문턱이 높아 보여 선불리 도전하지 못하는 회사원, 농사를 시작했지만 생각만큼 성과를 내지 못하는 농부, 새로운 비즈니스 기회를 찾는 모든 사람에게 이 책이 조금이라도 도움이 되기를 바랍니다.

실제로 후우라이를 방문한 후 전국 각지에서 농사를 시작한 사람이 많습니다. 그러나 후우라이에서는 장기 연수를 실시하지 않습니다.

소규모로 시작하여 방향과 자세만 잘 잡으면 기술이 없어도 얼마든지 수익을 올릴 수 있기 때문입니다. 물론 기술도 중요하지만 그것이 최우선은 아닙니다. 그랬다면 '기술 전무(全無)' 상태로 시작한 저 같은 사람은 지금까지 버티지 못했을 것입니다.

저는 귀농을 준비하면서 연수받을 당시 차를 갓길에 처박았다는 이유로 '탈륜왕'이라 불렸고, 낙제도 여러 번 했습니다. 이런 제가 지금까지 깨닫고 실천했던 수많은 교훈, 그리고 주변에서 농사를 새로 시작한 농가들의 사례를 아낌없이 소개하겠습니다.

농업의 무한한 가능성에 눈뜨고 농업으로 행복한 삶을 사는 사람이 많아지기를, 그 변화에 이 책이 작은 보탬이 되기를 소망합니다.

니시타 에이키

## 목차

서문 _ 05

대출금도, 보조금도, 농약도, 비료도, 폐기도, 대규모 농지도, 비싼 농기계도, 광고비도 없이 어떻게 작은 농장에서 연매출 1,200만 엔을 달성할 수 있었을까?

프롤로그 _ 21

대출금 0엔도 없이 초기 투자금 143만 엔으로 농업 시작!
'채소를 또 보내 달라'는 재주문이 전국에서 쇄도하는 이유는?

2,800엔의 운송료를 들여가며
2,000엔짜리 채소 세트를 사는 이유 21
지금 즉시 '두 번째 직업'을! 일본 사회의 위험도가 높은 이유 23
오토바이로 호주를 일주하면서 깨달은 점 24
초기 투자액 143만 엔으로 어떻게 농업을 시작했을까? 26
'작은 농업'으로 먹고 살려면 '직판'부터 하라 27
매출 1을 10으로! 6차 산업화로 '추가 구매'를 유도한다 29
생명의 시대에는 농업이 각광받는다 31
작은 농업을 지향하는 농가의 등장 32

1장 소자본으로 귀농에
성공하기 위한 5대 전략

- **전략 1** '무대출, 무농약, 무비료, 무폐기'로 스트레스를 없앤다 37
  - 대출금, 보조금이 위험한 이유 38
  - 차별화를 위한 '무농약', '무비료' 재배 39
  - '폐기율 0%'가 중요한 이유 40
- **전략 2** 작을수록 커지는 '소규모의 이익'을 120 %로 활용한다 42
- **전략 3** 재배 기술, 가공 기술, 직판 기술 + 지혜 교실 44
- **전략 4** 지방이라서 가능한 '프레젠테이션 & 캐치프레이즈' 전략 46
- **전략 5** '연결하고 끌어들이는 능력'이 필요한 시대 48

2장 '일본에서 제일 작다'는 소규모 경영의 특징을 무기로,
위험은 최소화! 효과는 최대화!

일본 농업에도 대규모의 이익이 작용할까 53
농가의 '실제 수입' 55
숫자로 살펴보는 '소규모의 이익' 56
'3만 엔짜리 텃밭용 기계' 만으로도 충분한 이유 57
네트워크의 중요성 : 농가끼리 판매하는 '하급미' 활용 59

작기 때문에 '속도감'으로 승부할 수 있다 60
'주키니 고추절임'을 '제철 채소 고추절임'으로 바꾼 결과 61
작으면 인간관계도 원활해진다 62
'청경우지'의 자세로 자유롭게 일한다 63
'소규모의 경영'을 누리기 위해 필요한 세 가지 65

## 3장 후우라이의 '재배, 가공, 직판 + 지혜 교실'의 노하우 전격 공개

**재배기술** 채소는 '법률'이 아닌 '법칙'으로 자란다 70

초보에게 추천하는 두 권의 책 70
'탄소 순환 농법' 이란? 71
토마토, 가지, 오이 등 여름 채소 '섞어심기' 요령 73
고객이 좋아하는 채소 파악하기 75
무엇에 중점을 둘 것인가 76

**가공기술** 가공은 단지 '부가 가치를 높이는 일'이 아니다 77

가공의 최대 목적 77
농기구보다 먼저 갖출 것들 78
후우라이의 3대 인기 가공식품 81
후우라이의 노동력은 1.5명 85

서양과자인가 일본과자인가?
이익에서 '원가율'을 역산하자 86

**직판기술** 세트 판매로 단가를 올리고
이름을 내걸어 신뢰도를 높인다 88

채소 판매 전략 88
세트 판매로 매출을 대폭 늘린 비결 89
반복 구매를 늘리려면 91
배달을 최소한으로 줄인 이유 92
인터넷을 120% 활용하는 후우라이의 방식 94
접속 수보다 구매 수가 중요하다 97
상품을 발송할 때는 밭의 분위기까지 전달한다 98

**지혜 교실** 농산물은 유한하지만 지혜는 무한하다 101

여성의 인생 이모작 시대 102
인기 폭발 이벤트 '농친' 103
'지혜 교실(베지베지 클럽)'의 설립 104
부담 없이 시작하는 것이 포인트 107

## 4장 '작은 농업'의 첫걸음 : 비즈니스 모델 설계, 농기구 및 자금 조달, 직판 콘셉트 개발

### 도입 단계


자신이 원하는 것을 철저히 구체화한다 113
가구별 연소득 '350만 엔'을 확보한다 115
이제 PC는 '농기구'다 116
IT 문외한이라도 괜찮다! 홈페이지 쉽게 만들기 117
블로그가 필요한 이유 118
귀농 전에 흙을 접하라 120


### 준비와 연수


어디서 농업 기술을 익힐까 123
연수 기간 동안 꼭 알아야 할 것 125
어디에 농사를 지어야 돈을 벌 수 있을까 127
'농산물은 농부의 발소리를 듣고 자란다' : 후회 없는 농지 선택법 130


### 실천


필수적인 농기구 선택법 132
농기구와 농기계를 저렴하게 사는 요령 134
'1년 차 매출 100만 엔'을 지향하는 비즈니스 설계 137

감자, 양파 등 '중량 중품종'을 먼저 재배하라 138
자금 조달 요령 ❶ : 'NPO 은행'을 활용한다 140
자금 조달 요령 ❷ : '크라우드 펀딩'으로 '돈'과 '인연'을 142
'개인 화폐 단위'로 환산하라 145
상호를 '무농약 채소 후우라이'에서
'텃밭생활 후우라이'로 바꾼 이유 146
어떤 품종을 키울까? 자신의 밭에 맞는 품종을 선택하라. 148
절대 피해야 할 세 가지 150
가공으로 '나만의 노하우'를 만드는 방법 152
부부는 어떻게 역할을 분담해야 할까 155
처음부터 성공적인 '직판'의 요령 157
행사 판매가 잘될 때 주의할 점 159
홈페이지에는 전화번호를 눈에 띄게 표시한다 160
광고비를 전혀 쓰지 않을 수 있을까? 162
얼만큼 파느냐보다 얼마나 남기느냐가 중요하다 164
'직접 만드는 능력'은 경영의 수비력 165
개인 브랜드 만드는 방법 167
농부가 '프레젠테이션 능력'을 높여야 하는 이유 169
큰 차이를 만드는 '캐치프레이즈'와 '콘셉트' 171

## 5장 '농업'으로 패러다임을 바꾼다


농부로서 누리는 '두 가지 사치' 177

'행복을 주는 사람'의 공통점 178

새 시대의 사업 전략은 스트레스를 주지 않는 '매출 기준 금액' 179

눈물의 감사 전화 한 통 182

후우라이식 '탄소 순환 농법' 시스템 184

비료 성분이 전혀 없는 메마른 밭이라면 185

'탄소 순환 농법'의 장점과 단점 186

벌레 먹은 채소는 정말로 안전한가 :'질산태 질소' 함량에 주목 187

'우리 집 농장' 이라는 발상 188

언제나 대등한 관계로 190

후우라이식 '공사 혼동론' 192

통장보다 소중한 '비밀 레시피' 194

가치관이 변하면 모든 것이 변한다 196

# 프롤로그

> 초기 투자금 143만 엔, 대출금 0엔으로 농업 시작!
> '채소를 또 보내 달라'는 재주문이 전국에서 쇄도하는 이유는?

## 2,800엔의 운송료를 들여가며
## 2,000엔짜리 채소 세트를 사는 이유

저는 예전부터 호텔 업계를 동경하여 바텐더와 비즈니스호텔 체인의 지배인으로 일했습니다.

바텐더 시절에는 '서비스직의 사명은 고객을 행복하게 하는 것이다'라는 서비스업의 기본 원칙을 배울 수 있었지만, 호텔 지배인 시절에는 '전년 대비 매출 향상', '경비 절감' 등 숫자로 된 '목표 달성'에만 매달려야 했습니다. 그래서 지친 나머지 도망치듯 이시카와현의 본가로 돌아오게 되었습니다.

재기를 위해 맨주먹으로 농사를 짓기 시작했습니다. 그리고 귀향한 지 1년 만에 '무농약 채소 후우라이'를 개업했습니다.

지금은 전국에서 주문이 꽤 밀려듭니다.

2,000엔짜리 채소 세트를 2,800엔의 운송료를 들여가며 오키나와로 배달시키는 고객도 꽤 있습니다(같은 섬에 있는 간토(関東), 간사이(関西)의 운송료는 840엔). 홋카이도(北海道)에 사는 고객이 매주 1,890엔의 운송료를 들여가며 2,500엔짜리 채소 세트를 주문하기도 합니다.

비용을 한 푼이라도 아끼려고 애쓰는 세상인데 이상하지 않습니까? 홋카이도에도 채소는 넘쳐날 텐데말이죠. 하루는 너무 궁금해서 물어보았습니다. "매번 정말 감사합니다. 그런데 굳이 비싼 운송료를 내고 후우라이의 채소를 사시는 특별한 이유가 있으십니까?" 그랬더니 이런 답이 돌아왔습니다.

"세 살 난 아들이 채소를 싫어해서 고민이었는데 후우라이의 채소만 잘 먹어요. 저야말로 감사해요."

그 말을 듣는 순간 '내가 꿈꾸었던 진짜 서비스업이 이거구나.' 싶었습니다.

"농가를 지향하지 말고 '사람'을 지향하세요."

옛날부터 선조들은 '논농사를 지으면 밭농사도 지어야 한다.', '밭농사를 지으면 고기를 잡아야 한다.', '겨울에는 새끼를 꼬아야 한다.'라는 말을 들으며 살아왔습니다.

농업은 자연을 상대하는 일이므로 농사를 짓다 보면 언제 무슨 일이 일어날지 모릅니다. 그래서 위험을 분산시키려면 '사람'을 지향해야 합니다.

앞으로는 농부도 농작물을 키워 팔기만 해서는 살아남기 어렵습니다. 물론 과일나무나 단품 수입이 높은 채소를 집약적으로 키울 수도 있지만 그러려면 아무래도 초기 투자비용이 늘어나고 규모도 커질 수밖에 없습니다.

한편, 저처럼 50품종 이상을 키우는 다품종 소량생산 전략을 선택하면 규모를 줄여서 위험을 분산시킬 수 있습니다.

## 지금 즉시 '두 번째 직업'을! 일본 사회의 위험도가 높은 이유

지금 일본은 고위험 사회입니다.

무슨 말인지 감이 안 오는 사람이 있을지도 모르지만, 통계를 보면 일본에서 연간 약 2만 4,000명(2015년)이 자살한다고 합니다. 이는 선진국 중에서도 상당히 높은 수준이니, 일본은 위험도가 높은 사회임이 분명합니다. 게다가 회사원의 대부분이 회사에서 받는 급여만으로 생활합니다. 그렇게 수입원이 하나뿐이면 회사에 대한 의존도가 높아질 수밖에 없습니다. 그나마 저는 본가가 농촌에 있어서 농업으로 재기할 수 있었으니 감사한 일입니다.

모든 사람이 곧바로 시골로 내려가 농업을 시작할 수는 없겠지요. 그래도 어떻게든 '두 번째 직업'을 생각해두는 것이 좋습니다. 수입 자체는 그렇게까지 늘지 않더라도 정신적으로 훨씬 풍요로워질 것입니다.

저도 농사를 시작하고, 말 그대로 '땅에 발을 딛고' 살다 보니 무엇과도 바꿀 수 없는 미묘한 '편안함'을 느끼게 되었습니다. 위험 분산을 위한 부업으로는 아르바이트든 뭐든 상관없습니다. 하지만 저는 그중에서도 농업에 기반을 둔 일을 추천하고 싶습니다. 식재료를 직접 생산하므로 다른 사업보다 위험을 효과적으로 분산시킬 수 있고, 기초 산업이어서 다양하게 응용할 수 있는 아이디어가 많습니다.

지금의 일본에는 잡초처럼 끈질기게 살아남았던 조상들의 사고방식이 필요합니다.

## 오토바이로 호주를 일주하면서 깨달은 점

일본에서 제일 작은 전업농가 '후우라이'는 구체적으로 어떻게 만들어졌을까요?

외국에서 생활하는 동안 일본에는 '작은 농업'이 적합하다고, 아니 엄밀히 말해 대규모 농업이 적합하지 않음을 깨달았습니다. 그것이 후우라이의 시작이었습니다.

농사를 시작하기 한참 전, 워킹홀리데이 비자•로 호주에 1년간

---

• 워킹홀리데이 협정 체결국 청년들이 상대방 국가에 방문하여 일정기간 여행, 어학연수, 취업 등을 하면서 그 나라의 문화와 생활을 체험할 수 있는 제도. (역주)

머무를 때였습니다. 1년 중 마지막 한 달 동안 오토바이를 타고 호주 전체를 일주했는데, 그때 자주 이용했던 숙박 형태가 '팜스테이'였습니다.

팜스테이란 워킹홀리데이 협회에 등록된 농장의 농사를 한나절쯤 도와주면 농장에서 숙박과 식사를 무료로 제공하고 때로는 수고비까지 지급하는 서비스입니다.

여러 농장에서 머물렀는데, 하나같이 규모가 거대해서 눈에 들어오는 모든 땅이 그 농장 소유였습니다. 비유나 과장이 아니라, 말 그대로 지평선까지 농장이 이어져 있었습니다. 비료는 헬리콥터나 경비행기를 이용해 뿌렸고 다 자란 작물은 폭이 20 m는 될 듯한 초대형 기계로 수확했습니다. 일본에서는 본 적도 없는 그런 기계를 모두가 갖고 있었습니다.

참고로 일본 농가의 평균 농지 면적은 2.27헥타르(22,700 $m^2$)이고 총 농지 면적은 456만 헥타르인 데 비해, 호주 농가의 평균 경영 면적은 2,970.4헥타르(일본의 1,308배), 총 농지 면적은 4억 903 헥타르(일본의 89.6배)입니다(출처: 농수산성 '농업 구조 동태 조사', '경지 및 경작 면적 통계', 'USDA/NASS• 자료', 'Australian Commodity Statistics').

일본 정부도 농지를 집약하고 대형화하기 위해 힘쓰고 있지만, 호주의 농업은 그야말로 차원이 다른 것입니다.

---

• U.S. Department of Agriculture(미국 농무부) / National Agricultural Statistics Service(연방 농업 통계국)(역주)

이런 농장들을 직접 눈으로 보며, 일본이 아무리 애써도 호주처럼 큰 농장과의 가격 경쟁에서는 이길 수 없다는 사실을 실감했습니다.

일본에서 농가를 운영하려면 다른 가치를 만들어내야 한다는 생각이 들었습니다. '가격이 아닌 맛과 안전성, 즉 양보다 질로 승부해야 한다. 그러려면 규모를 최대한 줄여서 눈에 보이는 범위 안에서 재배, 가공, 판매를 끝내야 한다. 그렇게 해야만 부가 가치를 창출할 수 있다.'

이것이 제 결론이었습니다.

## 초기 투자액 143만 엔으로 어떻게 농업을 시작했을까?

지금 일본에서 일반적으로 귀농하는 데 드는 초기 비용은 평균 1,000만 엔이라고 합니다.

비닐하우스를 설치하고 트랙터를 구입하는 데만 몇 백만 엔이 듭니다. 그러나 처음부터 가공과 판매까지 도맡아 하는 소규모 농가를 지향한다면 초기에 준비해야 하는 것도 크게 달라집니다.

1999년에 농사를 시작하면서 처음 샀던 물건은 PC와 프린터기였습니다. 프린터기는 절임 봉투에 붙일 라벨과 원재료 표시 라벨을 인쇄하기 위해 15만 엔을 지불하고 구입했습니다. 그 다음에는 포장 팩을 밀봉하기 위한 진공포장기(15만 엔), 2평짜리 대형 냉장고(75만 엔), 소형 중고 김치냉장고(5만 엔)를 샀습니다. 그리고 소형 관리기(사람이 탈 수 없는 소형 경운기)를 10만 엔에 구입했습니다(지금은 인터넷에서 3만 엔에 구입한 더 작은 관리기를 주로 사용하고 있습니다).

차고는 가공 공장으로 꾸몄습니다. 지역 보건소 직원에게 배운 대로 천장을 마감하고 형광등을 단 다음, 폐업한 요리 교실에서 가져온 요리 테이블(테이블 한쪽에 가스레인지가 있고 반대쪽에 개수대가 있는 것)을 설치했습니다. 이렇게 개조하는 데 5만 엔이 들었고, 식품 절임 통, 누름돌, 괭이, 낫 등 이런저런 기구를 마련하는 데 15만 엔이 들었습니다.

다 합친 총 투자액은 143만 엔.

농업뿐만 아니라 무슨 사업이든, 창업비용으로는 매우 적은 수준입니다. 제가 예전 직장에서 모은 돈으로 전부 해결할 수 있을 정도로 말입니다.

게다가 요즘은 더 저렴하고 성능 좋은 PC와 프린터가 많이 나와 있으니, 인터넷 상점이나 경매 사이트를 통하면 똑같은 물건을 사더라도 총 창업비를 100만 엔 정도까지 줄일 수 있을 것입니다.

## '작은 농업'으로 먹고 살려면 '직판'부터 하라

호주의 농가를 보며 '정면 승부로는 못 당하겠다'라고 좌절하는 한편, '작은 농업'의 가능성을 발견하기도 했습니다.

팜스테이 주인에게 '일본에는 겸업농가가 있다'라고 이야기했더니, 주인이 약간 놀라면서 이렇게 말했습니다.

"우리에게는 무리야. 직장이 있는 도시로 가려면 차로 3시간이나 걸리거든. 안정성이라는 관점에서는 그렇게 할 수 있는 당신들이 부럽군."

분명 일본의 경우, 각 지역에 중심 도시가 있고 그 주변에 인구 1만 명이 넘는 마을이 산재해 있습니다. 또한 국토가 비교적 좁은 데다 유통망이 발달해 있어 오늘 물품을 발송하면 내일 또는 모레까지 전국 어디든 배달됩니다.

냉장 배송 시스템이 잘 갖춰져 있어서 신선식품도 배송할 수 있습니다. 사실 인터넷으로 신선식품을 구매할 수 있는 나라는 그리 많지 않습니다. 게다가 일본은 평균적으로 농산물이 세계 어느 나라보다 비싸게 팔리는 나라이기도 합니다. 이런 장점을 최대한으로 살릴 수 있는 판매 형태가 바로 '직판'입니다.

후우라이를 개업한 후, 김치에 적합한 배추를 키워 어머니에게서 배운 방법대로 김치를 담그고 판매하는 일부터 시작했습니다. 하지만 시장에서는 신선식품만 취급하고 가공식품을 받아 주지 않았으므로 판매처를 찾기가 쉽지 않았습니다. 그래서 동네를 돌며 김치를 납품할 곳을 찾아다녔습니다. 그러는 동시에 열심히 '가판'을 다녔습니다.

가판이란 길에 가장자리나 이면도로에 차를 세워놓고 손님을 불러 모아 시식을 제공하고 상품을 판매하는 일을 말합니다. 당시에는 점포가 없었으므로 작은 승합차에 절임 식품과 채소를 싣고 다니며 판매를 하였습니다. 이렇게 소비자와 직접 대면하면서 자신감을 키웠습니다. 그때의 경험은 인터넷 판매에 주력하는 지금까지도 큰 도움이 되고 있습니다.

'작은 농업'을 시작하려는 사람은 우선 '가판'부터 도전하여 보는 것은 괜찮다고 생각합니다.

## 매출 1을 10으로!
## 6차 산업화로 '추가 구매'를 유도한다

일본은 지금 전국적으로 대규모 채소 직판장이 늘고 있습니다.

일본에서 제일 큰 편의점 체인의 점포 수가 약 1만 6,000개인데, 채소 직판장 점포 수가 그 수를 벌써 뛰어넘었을 정도입니다. 이제 직접 키운 채소를 편의점에 납품하기는 비교적 수월해졌습니다. 대형 직판장 몇 곳에 채소를 납품하며 생계를 꾸리는 농가도 급증하고 있습니다. 그래도 저는 소비자와 직접 소통하며 의견을 들을 수 있는 '직판'을 최대한 늘려야 한다고 생각합니다.

후우라이의 경지 면적은 일반 채소 농가의 10분의 1 정도입니다. 그러므로 일반적인 방식을 택했다면 매출도 일반 농가의 10분의 1을 넘지 못했을 것입니다. 기존의 방식으로는 매출 1을 1.1이나 1.2로 늘릴 수 있을 뿐입니다. 매출 1을 10으로 늘리려면 근본적인 발상의 전환이 필요합니다. 과연 그런게 가능할까요? 직판을 잘 활용하면 충분히 가능하다고 생각됩니다.

2013년 농업·식료 관련 산업의 일본 생산액은 97조 5,777억 엔이었습니다. 그중 1차 산업의 생산액은 11조 3,772억 엔, 2차 산업의 생산액은 34조 8,996억 엔, 3차 산업의 생산액은 46조 1,008억 엔이었습니다. 즉, 기간산업인 1차 산업의 매출 비중이 10.5 %로 가장 낮았던 것입니다. 그런데 생산과 가공, 직판까지 직접 관여한다면 농산물(1차 산업)을 가공(2차 산업)하여 직접 판매(3차 산업)하면 (1차×2차×3차 = 6차 산업) 매출을 10배로 늘릴 수 있다는 뜻이기도 합니다.

후우라이에서 현재 취급하는 상품은 채소 세트 등의 '신선 부문'과 절임 식품, 과자 등의 '수제 가공 부문', 그리고 이웃 농가와 자연식품 도매상에게 매입하여 판매하는 '매입 판매 부문'으로 크게 나뉩니다.

얼마 전까지 매출액은 '신선 부문'이 400만 엔, '자가 가공 부문'이 400만 엔, '매입 판매 부문'이 400만 엔, 합계 1,200만 엔이었습니다. 지금도 총액은 비슷하지만 '신선 부문'이 450만 엔, '수제 가공 부문'이 450만 엔, '매입 판매 부문'이 300만 엔으로 구성비가 조금 달라졌습니다.

고객과 직접 소통하면 가격 경쟁에 휘말릴 위험이 줄어들고 신뢰 관계가 생겨 구매가 늘어납니다. 후우라이의 경우, 처음에는 채소 세트를 사러 홈페이지에 들어왔다가 절임 식품, 후우라이 아주머니의 시폰케이크, 농가 매입 상품, 무첨가 조미료까지 '추가 구매'하는 고객이 많아 1인당 구매액이 늘어나고 있습니다. 명절이나 연말연시에는 선물용 상품을 다량 주문하는 고객이 많아 매출이 더 높아집니다.

## 생명의 시대에는 농업이 각광받는다

2012년에는 후우라이의 키워드를 '안정감'에서 '안전'으로 바꾸고 재배법을 무비료 재배로 전면 전환했습니다. 처음에는 힘들었지만, 그 후 고객이 더 늘었고 채소 세트의 인기도 높아져 매출이 안정되기 시작했습니다. 지금은 채소 세트를 주문한 후 1~3주를 기다려야 택배를 받을 수 있습니다.

인터넷 판매에서는 판매자와 고객이 대화를 나누기보다 판매자가 일방적으로 정보를 내보내기 쉽지만, 후우라이는 다른 곳은 생각하지도 못할 만큼 많은 메일을 고객에게서 직접 받고 있습니다. 상품이 잘 팔리는 것도 모자라 감사 인사까지 이렇게 많이 받다니, 농업이야말로 행복에 가장 가까운 산업임을 실감하고 있습니다.

새로운 시대를 여는 것은 다름 아닌 '욕망'입니다. 아무리 기술이 발달해도 인간에게 날고 싶은 욕망이 없으면 비행기를 만들 수가 없었습니다. 진실한 욕망은 점포의 매출, 기업의 실적에 고스란히 드러납니다.

이제는 사라졌지만, 예전에는 '일본의 부자 순위'가 신문에 종종 발표되었습니다. 그중 마지막으로 발표되었던 순위의 1등은 건강식품 회사 사장이었습니다. 이처럼 건강식품이 잘 팔리는 것은 일본 인구의 고령화, 건강에 대한 인식 변화 때문에 날로 증가하고 있습니다.

일본 사회가 고령화되면 될수록 질 좋은 먹거리에 대한 관심은 더 커질 것입니다. 실제로 후우라이에도 고령자나 환자, 또는 어린 아이를 키우는 어머니의 문의와 주문이 해가 갈수록 늘어나고 있습니다. 생명의 가치를 생각한다면 가격이 조금 비싸도 문제가 되지 않는 것입니다.

농업에 대한 사회적 인식도 제가 귀농할 당시에 비해 훨씬 좋아졌습니다. 환경보호에 대한 의식이 높아졌기 때문이겠지요. 환경의 시대란 다시 말해 '생명이 우선시 되는 시대'입니다. 앞으로 다가올 생명의 시대에는 농업이 더욱 중요해질 것입니다.

## 작은 농업을 지향하는 농가의 등장

요즘 방문 단체나 많은 사람들 앞에서 이야기할 기회가 부쩍 늘었습니다. 그런 자리에 서면 "당신이라서 성공할 수 있었던 것 아닙니까?"라는 질문을 종종 받게 됩니다. 그렇게 생각해 주신다니 영광입니다만, 사실 저는 회사원이었을 때부터 그다지 인정받지 못했습니다. 농업 연수를 받을 때도 '농업에는 맞지 않는 것 같다'라는 말을 몇 번이나 들었습니다. 하지만 발상만 바꾸면 농업에서도 무한한 비즈니스 기회를 찾아낼 수 있다는 생각으로 최선을 다했습니다. 그러다 보니 요즘은 후우라이에서 견학을 마친 후 본격적으로 농사를 시작하여 순조롭게 사업을 경영하는 사람이 많아졌습니다. 그들이 제게 무언가를 배웠다기보다는 '밭이 이렇게 작은데도 안정적으로 경영할 수 있구나.'라는 생각에 자신감을 얻은 것 같습니다.

구마모토(熊本) 현에서 아무 기반도 없이 '무농약 이탈리아 채소 토끼 농원'을 개업한 공무원 부부(남편은 군인, 아내는 고등학교 교사)가 있습니다. 그곳에서 생산된 채소뿐만 아니라 오리지널 드레싱도 큰 인기를 끌고 있습니다. 부부가 소형 승합차를 개조하여 타고 여기저기 행사장을 다니며 홍보하는 모습이 정말로 즐거워 보입니다.

또 가나자와 시에서 '도모팜 아유미 채소'를 개업한 미남미녀 부부도 있습니다. 이들 역시 아무 기반 없이 농사를 시작하여, 지금은 채소를 직판하거나 고급 음식점에 납품하고 있습니다. 반복 구매가 많은 데다 이벤트를 개최할 때마다 50명이 금세 모이는 것을 보면 농업계에 희망이 있다는 생각이 듭니다.

농업 기술 보급원으로 일하다 퇴직한 후에 독립하여 농사를 시작한 분도 있습니다. 농업 대선배인 이분은 쌀과 꽃을 주로 취급하며 '주말농장'을 운영하고 있는데, 빈자리가 없어서 언제나 대기 접수를 받는 상황입니다. 그가 텃밭 이용자들과 깊은 유대를 맺는 방식 또한 농업계에 새로운 방향을 제시하고 있습니다.

이들 모두가 순조롭게 농가를 경영하는 것은 고객과 직접 소통하는 덕분일 것입니다. 물론 각자 어려움이 있을 테지만, 그들에게는 자신의 생활방식부터 먼저 풍요롭게 만들고 '사업을 크게 확장하는 목적'에 관심을 두지 않는다는 것입니다.

발상만 전환하면 농업의 영역도 얼마든지 다양한 비즈니스 모델을 만들 수 있는 시대입니다. 고정관념을 버리고 '작지만 실속 있는 농가'의 매력에 푹 빠져 봅시다.

# 1장

# 소자본으로 귀농에 성공하기 위한 5대 전략

넉넉한 자금도, 농사 경험도, 넓은 농지도 없는 상황에서 회사원을 그만두고 농부가 되겠다고 결심했을 때, 저는 다음 세 가지 원칙을 마음에 깊이 새겼습니다.

- 농업에 관한 '고정관념'에 얽매이지 않는다.
- 확실한 '이윤추구'를 지향한다.
- 농업은 목적이 아닌 '수단'임을 잊지 않는다.

우선, 농업에 관한 기존의 상식에 얽매이지 않고 확실한 이윤추구를 지향하기로 했습니다. 농사꾼으로 살려면 경제성은 일단 접어야 한다고 생각하는 사람이 많지만 그런 식으로는 어떤 일이든 오랫동안 지속할 수 없습니다. 그리고 농업은 어디까지나 수단일 뿐, 진짜 목적은 가족의 행복이라는 사실을 잊지 않기로 했습니다.

편안하다고 행복해지는 것이 아님을 알기에 농사를 편하게만 짓겠다는 생각은 없었지만, 그렇다고 쉬지도 못하고 고생만 하는 것은 삶에 아무런 의미가 없습니다.

한편으로는 광대한 농지와 확실한 재배 기술을 갖춘 기성 농가들도 살아남기 힘든 와중에 맨주먹으로 시작한 제가 기존의 방식을 따라 한다면 살아남을 길이 없을 듯했습니다. 그래서 대량 단품종이 아닌 소량 다품종 전략을 기본으로 삼고 가공, 직판, 지혜 교실 등 다양한 요소를 추가하기로 했습니다. 이것이 바로 후우라이식 '작은 농업', 즉 '소규모 다양성 농업'입니다.

앞서 3대 원칙에 기초하여 작은 농업을 실천하다 보니 소규모 다양성 농업의 '5대 전략'이 만들어졌습니다.

## 전략 1 '무대출, 무농약, 무비료, 무폐기(재고 제로)'로 스트레스를 없앤다

### 대출금, 보조금이 위험한 이유

농가를 개업하려면 일반적으로 1,000만 엔이 든다고 합니다(벼농사의 경우 2배인 2,000만 엔). 그래서 보통은 은행 대출이나 국가 영농 자금(보조금)을 이용하게 되는데, 저는 그 방식이 솔직히 마음에 들지 않았습니다.

요즘 농업은 고정 자산으로 뒤범벅되어 있습니다. 특히 농기계가 논밭에서 활약하는 시간보다 창고에서 잠자는 시간이 압도적으로 많은 것이 너무 아까웠습니다. 그래서 고정 자산을 최대한 줄여서 쓸데없는 비용을 없애기로 했습니다.

그 결과, 앞서 말한 대로 초기 비용을 143만 엔으로 줄일 수 있었습니다. 당연히 대출도 보조금도 받지 않았습니다. 전부 '작은 농업'이기에 가능한 일이었습니다.

보조금을 받지 않으면 빚진 기분이 들지 않아서 정신적으로 자유로워집니다. 그리고 그 자유가 다양성을 낳습니다.

요즘은 농업을 시작하는 사람을 위한 영농 지원금 등이 매우 잘 갖춰져 있습니다. 그러나 '받을 수 있는 것은 다 받아야겠다'라며 지원금을 듬뿍 받았던 사람이 얼마 못 가 농사를 접고 물러나는 것을 여러 번 보았습니다. 아무래도 보조금이 성공에 대한 간절함을 줄어들게 만드는 것은 아닐까 싶습니다.

보조금에 의존할 수밖에 없는 상황이라고 해도, 그 돈이 세금에서 나온 것임을 인식하고 나중에 꼭 세금으로 갚겠다는 각오로 일해야 합니다.

### 차별화를 위한 '무농약', '무비료' 재배

후우라이에서는 처음부터 무농약 재배를 실천했습니다. 특별한 전략이 있었다기보다 제가 원래 안전한 식품에 관심이 많았기 때문이었는데 생각해 보면 자타공인 초보가 지금처럼 발달한 자재나 재배 기술도 없는 상태에서 느닷없이 무농약 재배에 도전하다 보니 당연히 실패로 이어졌습니다.

무농약 재배를 해보니 최대 수확량이 화학 비료와 농약을 사용하는 일반 재배의 70 %밖에 되지 않는 반면, 자재비는 1.5배로 많이 들었습니다. 게다가 무농약 작물이라고 해도 생각만큼 비싸게 팔리지 않았습니다(기껏해야 일반 재배의 1.2배). 솔직히 말해 고생한 것에 비해 소득이 적었습니다. 하지만 판매처를 인터넷과 직영점으로 바꾸었더니 차별화가 되었는지 상황이 나아지기 시작했습니다. 또 '채소 세트'를 만든 후로는 채소를 구매하면서 절임 식품과 수제 과자까지 추가 구매하는 고객이 늘었습니다. 간판 상품의 중요성을 실감했습니다.

그렇게 무농약 재배를 경험한 이후 지금은 '탄소 순환 농법'(무비료 재배)을 전면적으로 실시하고 있습니다. 처음에는 힘들었지만, 유기농 무농약 재배 방식을 쓸 때보다 병충해가 줄어들어 방제 작업을 상당히 생략하게 되었습니다. 비룟값도 들지 않아 총비용도 이전의 5분의 1 이하로 줄어들었습니다. 게다가 안전성도 높아져 채소 판매에 자신감이 생겼습니다. 이런 농법이 개발된 것 자체가 대단한 일입니다. 그 덕분에 판매되는 상품을 차별화할 수 있었습니다

### '폐기율 0 %'가 중요한 이유

주변의 이야기를 들어보니, 일반 채소 농가에서는 수확물의 평균

30%를 폐기한다고 합니다. 크기가 규격을 벗어나거나, 구부러지고 볼품이 없어서 시장에서 받아주지 않거나, 농사를 지어 시장에 내놓아도 채산•이 맞지 않는 등 이유는 다양합니다. 그러나 후우라 이처럼 작은 밭에서는 채소 하나하나가 소중합니다. 그래서 저는 '못타이나이•• 정신'으로 폐기율 0%를 실현하기 위해 다양한 대책을 실천해 왔습니다.

그중 하나가 '가공'입니다. 절임 식품 가공 공정은 단순히 부가가치를 올리기 위한 과정으로 여기기 쉽지만, 절임이란 원래 식품을 오래 보존하기 위한 전통적 방식입니다. 따라서 한 번에 채소를 너무 많이 수확했을 때 남은 채소를 절임으로 가공해 두면 판매기간을 대폭 늘릴 수 있습니다. 다소 볼품없는 채소까지 버리지 않고 절임으로 활용할 수 있는 것도 큰 이점입니다.

채소 세트 역시 폐기물을 줄이는 데 큰 역할을 하고 있습니다. 채소를 단품으로 팔지 않고 세트로 만들어 팔면 판매자가 채소 종류를 고를 수 있어 폐기물이 줄어듭니다.

인터넷 판매도 도움이 됩니다. 매출 대부분을 담당하는 인터넷 판매는 기본적으로 예약 판매입니다. 즉 발송할 만큼만 수확하면

---

• 원가에 비용, 이윤 따위를 더하여 파는 값.(역주)

•• '아깝다'는 뜻의 일본어. 2004년 환경 분야 노벨평화상을 수상한 케냐 여성 '왕가리 마타이'가 세계에 널리 알린 말. 환경 활동가들은 지구환경에 부담을 주지 않는 라이프 스타일과 지속 가능한 순환형 사회 구축을 목표로 하는 '못타이나이 캠페인'을 지금도 세계적으로 전개하고 있다.(역주)

되니 매장에 진열했던 시든 채소를 폐기하는 일이 없어집니다. 채소는 밭에 있을 때 가장 신선하니까요. 반대로 채소를 폐기하면 단 한 푼도 벌지 못하는 것은 물론, 거기에 포함된 생산 활동과 원가까지 물거품이 되고 맙니다. 따라서 폐기를 줄이면 매출과 소득(이익)이 반드시 향상됩니다.

## 전략 2 작을수록 커지는 '자투리 소득'을 120%로 활용한다

'자투리 소득'이란 제가 만들어낸 말로, '대규모의 경제' 또는 '대규모의 이익'에 대비되는 개념입니다. 이 '자투리 소득'을 최대한 활용하는 방법이 후우라이의 '작은 농업'입니다.

대규모의 이익이란, 한 마디로 '대량생산 대량판매로 원가가 낮아지고 판매가 향상되는 등의 경제적 이익'을 말합니다.

요즘은 대규모의 이익을 추구하는 것이 경영의 기본처럼 여겨지지만, 대규모의 이익을 우선하다 보면 상품의 품질이 현저히 낮아질 위험이 있습니다. 품질이 균일한 상품이 대량으로 필요하게 되면 어쩔 수 없이 재료의 양이 가장 많은 중급 재료 또는 하급 재료를 선택하게 되는 경우가 생기기 때문입니다.

제가 '자투리 소득'을 깨달은 것은 농업의 고유한 특성 때문이었습니다. 예를 들어 후우라이 김치의 부재료로 사용되는 사과는 농가들끼리 예전부터 '안전한 사과'(다른 농가에 비해 10분의 1의 농약만 써서 재배한 사과)로 거래하던 것이었습니다. 과일 농가가 흠집이 나서 일반 시장에 내놓을 수 없는 사과를 지인들에게 저렴하게 팔았던 것입니다. 이런 사과는 공급량이 불안정해서 대규모 매입에는 적합하지 않지만, 소량으로 쓰는 데는 아무 문제가 없습니다. 크기가 들쭉날쭉하여 규격에 맞지 않을 뿐, 품질이 나쁜 것도 아닙니다. 오히려 '○○씨가 생산한 사과를 사용했다'는 점을 마케팅에 활용할 수 있습니다.

1차 산업의 대표인 '농업'은 그야말로 다양한 가능성을 지닌 산업입니다. 애초부터 농산물이란 원래 각각의 농가가 만들어 낸 고유한 작물이기 때문입니다. 물론 저도 처음부터 좋은 상품을 저렴하게 공급해 줄 네트워크를 갖고 있었던 것은 아닙니다. 농가들과의 네트워크는 오랜 시간에 걸쳐 서서히 구축되었습니다.

'작은 농업'에는 이런 유기적 네트워크가 반드시 필요합니다. 최근 소고기와 채소의 이력 추적 시스템(안전을 확보하기 위해 식품의 재배 및 사육, 가공, 제조, 유통 등의 과정을 명확히 밝히는 구조)이 화제가 되고 있는데, 이런 네트워크가 있으면 생산한 사람의 철학이나 특징까지 이력에 포함되니 구매자도 더 안심하고 상품을 구입할 수 있을 것입니다.

또 대규모 농가와는 달리, 소규모 농가는 개인이 특기(사진이나 글 등)를 발휘하기 쉽습니다. 지금은 페이스북, 인스타그램 등 SNS를 마케팅에 활용할 수 있어서 독특한 사진이나 동영상 등을 찍어서 올리면 중요한 판매전략이 될 수 있습니다. 이것 또한 자투리 소득이라 할 수 있습니다.

상품을 규격화, 매뉴얼화 할 수 있는 분야에서는 자금력이 있어서 큰 이익을 실현할 수 있는 사업자가 당연히 유리할 것입니다. 그러나 앞으로 농업 분야에서는 오히려 다른 곳에 없는 경쟁력 높은 농산물을 생산하고 상황에 재빨리 대처할 수 있는 소규모 사업자가 유리해질 것입니다.

## 전략 3 재배 기술, 가공 기술, 직판 기술 + 지혜 교실

후우라이에서는 처음부터 채소를 절여서 판매할 것을 염두에 두고 사업을 시작했습니다. 정부에서도 국가적 농업 정책에 따라 농가의 '6차 산업화'•를 추진하고 있습니다. 농림수산물을 생산하는 1차 산업, 가공하는 2차 산업, 판매하는 3차 산업의 1, 2, 3을 더하면 6이 나온다고 해서 '6차 산업'이라는 이름이 붙은 듯합니다. 원래는 농업을 다양화하자는 의도였겠지만, 정부에서 공식적으로 이런 단어를 쓰기 시작하면 고정관념이 생기기 쉽습니다.

'채소 농가는 절임을 만들어 팔면 된다.'

---

• 1990년대부터 일본 농촌에서 활발하게 진행되어 온 농촌활성화 전략으로 농산물시장개방, 고령화에 의한 노동력 부족, 기상이변, 유통구조의 비효율 등으로 어려움이 증가함에 따라 농가소득 증대 및 일자리 창출을 위한 대안으로 부상하였다.(역주)

'쌀 농가는 겨울에 떡을 만들어 팔면 된다.'라는 식입니다.

그렇게만 하면 무조건 미래가 밝아질 것으로 생각되기 때문입니다. 실제로 이 정책에 따라 가공 공장을 짓거나 운영하려는 사람에게 많은 보조금이 지급되고 있습니다. 그러나 그 보조금이 떨어지는 즉시 문을 닫을 곳이 적지 않습니다.

후우라이의 경영 방식이 조금 특이하기 때문인지 농수산부 직원이 저를 가끔 찾아옵니다. 얼마 전에도 6차 산업화 담당관이 찾아왔기에 평소에 궁금했던 것을 이것저것 물어보았습니다. 저는 보조금이나 지원금을 전혀 받지 않기 때문에 이런 만남이 있을 때면 하고 싶은 말을 다 할 수 있습니다.

제가 가장 궁금했던 '국가 지원이 시작된 후 6차 산업을 시도한 농가의 소득(이익)은 어떻게 변화했을까?(매출 말고)'를 직설적으로 물어보니 글쎄,

"그런 조사는 생각도 못 했습니다."

이런 대답을 들었습니다.

농가가 채소를 가공, 판매하는 것은 목적을 이루기 위한 과정일 뿐입니다. 목적은 '바빠지는 것'이 아니라 '소득(이익)을 늘리는 것'입니다. 그런데도 현재의 6차 산업화 현장에는 결정적인 요소가 빠져 있습니다. 바로 직판 기술입니다.

무엇이 잘 팔릴까? 얼마에 팔면 될까? 몇 개를 팔아야 이익이 날까?

원래는 그것부터 생각해야 하는데, 다른 것에만 신경을 쓰고 있

는 것입니다. 재배, 가공, 직판이 다 중요합니다. 이 세 가지 기술이 반드시 균형을 이루어야 합니다.

후우라이에서는 이 세 기술을 골고루 발전시키면서 네 번째 기술인 '지혜 교실'도 키워나가고 있습니다.

농산물 생산은 '유한'하지만 지혜는 '무한'합니다.

현재 후우라이는 선조들이 농사를 지으며 터득한 지혜를 여러 사람에게 아낌없이 전수하고 있습니다. 실제로 텃밭 교실 등을 개최할 때마다 신청자가 몰려듭니다. 그러다 보니 지혜 교실은 이제 우리의 중요한 수입원 중 하나가 되었습니다(재배 기술, 가공 기술, 직판 기술 + 지혜 교실의 구체적 사례는 3장에서 자세히 다루었습니다.).

## 전략 4 지방이라서 가능한 '프레젠테이션 & 캐치프레이즈' 전략

정치와 언론이 도쿄에 집중되어있는 탓에 얼마 전까지만 해도 거의 모든 정보가 도쿄에서 흘러나왔습니다. 특정 상품이 건강 프로그램에 소개되자마자 한동안 날개 돋친 듯 팔렸던 것을 떠올려 보면 언론의 영향력이 얼마나 큰지 실감할 수 있습니다. 그러나 이제 기존 언론 홍보에 기대지 않고도 얼마든지 개인이 인터넷을 통해 전 세계로 정보를 내보낼 수 있는 시대입니다.

유튜브, 페이스북 등 SNS를 통해 엄청나게 방대한 정보가 오가고 있지만, 그중에서도 특히 재미있거나 도움이 되는 정보는 입소문을 타고 삽시간에 퍼지기 마련이니까요. 더구나 농업에 관한 기사에는 작성자가 직접 체험한 1차 정보가 가득합니다. 다양한 정보가 유통되는 시대이기 때문에 판매자가 직접 제공하는 정보가 더욱 눈길을 끌게 되었습니다. 이렇듯 농업 정보의 경우, 생산자가 직접 운영한다는 것이 큰 장점으로 작용합니다.

하지만 안타까운 점이 있습니다. 이처럼 개인이 정보를 전파할 수 있는 데다 농업이 관심을 끄는 시대가 왔는데도 많은 농업 종사자가 '역시 농사는 무척 힘들고 고된 노동'라는 이미지만 제공하고 있다는 사실입니다. 고객은 분위기가 어두운 가게와 밝은 가게 중 어디에서 물건을 사고 싶을까요? 당연히 밝은 곳에서 사고 싶을 것입니다.

재배 기술과 가공 기술도 중요하지만, 요즘 농가에게 더 중요한 기술이 있습니다. 바로 프레젠테이션 기술입니다. 모처럼 생산한 좋은 작물도 고객에게 알려지지 않으면 존재하지 않는 것과 마찬가지입니다. 그러니 자신만의 캐치프레이즈•와 콘셉트를 확립해야 합니다.

후우라이도 '일본에서 제일 작은 농가'라는 캐치프레이즈로 얼마나 많은 이득을 보았는지 모릅니다. 이 문구 덕분에 라디오, TV, 신문, 잡지의 취재를 받았습니다. 하지만 무엇보다 큰 소득은 고객의 머릿속에 '후우라이'를 쉽게 각인시킬 수 있었다는 것입니다.

---

• 광고, 선전 등 남의 주의를 끌기 위한 문구나 표어.(역주)

농업 관련 학회에서는 아무래도 재배 기술, 직판 기술을 다루기 마련입니다. 하지만 이제는 프레젠테이션 능력을 길러 주는 학회가 하나쯤 있어도 좋을 것 같습니다.

## 전략 5 '연결하고 끌어들이는 능력'이 필요한 시대

후우라이 초창기에 동네 슈퍼에 채소 절임을 납품한 적이 있습니다. 저희 점포와 슈퍼가 무척 가까웠는데도 고객들의 별다른 반응은 없었습니다. 손님들도 별생각 없이 구매했고 슈퍼 직원들도 수많은 상품 중 하나로만 취급했기 때문입니다. 어쩌면 당연한 일인지도 모르지만 고객과 더 소통을 하고 싶은데 그러지 못한 상황이 무척 씁쓸했습니다.

하지만 인터넷 쇼핑몰의 고객들은 금세 반응을 보여 주었습니다. 안면은 없었지만 교류는 확실히 존재했습니다. 거리는 가까워도 반응이 없는 고객과 거리에 관계 없이 확실한 반응을 보이는 고객, 둘 중 어느 쪽이 정신적으로 가까운 존재일까요? 당연히 후자입니다.

저는 예전에는 없었던 그런 관계의 영역을 '지역(知域)'이라고 부르고 있습니다. 물론 가장 가까운 존재는 서로 안면도 있고 교류도 있는 '지역(地域)' 사람들일 테지만, 인구가 많지 않은 지방에서 색다른 사업을 하다 보면 처음부터 지역(地域)을 확보하기가 어려운 것이 사실입니다. 그러므로 사업이 어느 정도 궤도에 오를 때까지 '지역(知域)'을 확보하여 '지역(地域)'으로 확대하는 것이 최선이라고 생각합니다.

후우라이는 규모가 작은 대신 하나하나의 관계를 매우 소중하게 생각합니다. 그래서 홈페이지를 친숙하면서 옛날 스타일로 정감있게 만들어 고객들이 부담 없이 글을 쓸 수 있도록 했습니다. 그 덕분에 관계성이 희박해지기 쉬운 디지털 세상에서도 매일 수많은 고객이 홈페이지 게시판, 페이스북 메시지와 댓글을 통해 다양한 의견과 감상을 보내 주고 있습니다.

시스템이나 상품 구색으로는 대기업을 당할 수 없지만 SNS를 통한 소통에서는 개인의 특색을 드러낼 수 있는 소규모 사업자가 개성있는 마케팅을 할 수 있습니다.

대부분의 사람은 다른 누군가와 소통을 하며 연결을 추구합니다. 앞서 대출금과 보조금에 의존하는 것이 좋지 않다고 말하였는데, 대신 영농 자금, 즉 농업 발전 자금을 모으기 위해 '크라우드 펀딩'에 도전해 볼 것을 추천합니다.

크라우드 펀딩은 기존의 자금 조달 방식과는 달리, 개인이 익명의 다수로부터 쉽고 빠르게 자금을 모으는 방식입니다.

후우라이에서도 지금까지 크라우드 펀딩을 두 번 진행했습니다. 보조금에는 속박이 따르는 반면, 크라우드 펀딩에는 후원자의 자금과 인연이 따릅니다(컬러화보 8쪽).

현재 일본에서는 농업과 관련된 크라우드 펀딩이 성공률이 높은 것으로 알려져 있습니다. 이렇듯 농업에 대한 세상의 인식이 상당히 달라졌음을 알 수 있습니다.

6차 산업화에서 가공으로 부가 가치를 올리는 방법도 좋지만, 농가의 가장 큰 부가 가치는 농가 그 자체일 것입니다. 후우라이는 그 가치를 살리기 위해 다양한 소비자들과 인연을 만들어나가고 있습니다.

지금까지 제가 실천해 왔던 소규모 농업으로 성공하는 5대 전략을 소개했습니다. 인터넷과 SNS가 활발한 요즘은 전략만 잘 짜면 '작은 농업'도 충분히 주목받을 수 있습니다.

앞으로 그 구체적인 노하우를 더 자세히 설명하겠습니다.

# 2장

## ‘일본에서 제일 작다’는 소규모 경영의 특징을 무기로, 위험은 최소화! 효과는 최대화!

## 일본 농업에도 대규모의 이익이 작용할까

'소규모 농업'을 준비할 때 제일 먼저 했던 생각은 '내가 대규모 농업을 이길 수 있을까?' 즉, '일본의 농업 환경에서 큰 이익을 실현할 수 있을까?'라는 것이었습니다.

규모를 키워 비용을 절반으로 줄인다 해도 '소규모 농업'은 가격 측면에서 대규모 농업의 상대가 되지 않을 것입니다. 그래서 문득 통계 데이터가 있을까 해서 '농업 경영 통계 조사'를 찾아보았습니다.• 그러다 '농산물 생산비 통계'의 최신 데이터에서 재미있는 사실을 발견했습니다.

---

• 우리나라는 '농촌진흥청 농업경영 종합정보 시스템'을 통해 통계 자료를 확인할 수 있다.(역주)

벼농사의 경우(2014년), 작은 겸업농가 등 경지 면적이 2~3헥타르(이하 소규모)인 곳과 경지 면적이 15헥타르 이상인 곳(이하 대규모)의 0.01헥타르당 기계값이 소규모 2만 718엔, 대규모 2만 816엔으로 거의 비슷했던 것입니다. 비료값도 소규모가 9,181엔, 대규모가 8,928엔으로 큰 차이가 없었습니다.

단, 총비용은 소규모가 12만 9,927엔, 대규모가 10만 3,612엔으로 약간 차이가 났습니다. 이 차이는 인건비에서 비롯된 것으로 보입니다. 즉, 면적당 원재료(벼 모종, 농약, 비료 등) 구입비와 기계 구입비는 대규모든 소규모든 거의 비슷했습니다. 다시 말해 인건비를 줄이고 가족끼리 농사를 짓는다면 소규모여도 충분히 승산이 있다는 뜻입니다.

요즘 벼농사를 짓는다고 하면 50~100헥타르의 대규모 농지를 경영하는 것을 당연하게 여깁니다. 하지만 다시 생각해 봅시다. 농업에도 대규모의 이익이 작용한다면 소규모 농가가 출하한 쌀보다 대규모 농가에서 출하한 쌀이 더 싸야 하지 않을까요?

빵 제조 등 가공업의 경우 규모가 50배로 커지면 가격을 절반으로 내릴 수 있다고 합니다. 하지만 농가가 그렇게 재생산 가격(발생한 이익으로 사업을 계속할 수 있는 가격)을 무너뜨렸다가는 금세 문을 닫게 될 것입니다.

그래서 이런 생각을 하였습니다.

'인건비, 기계값, 땅값 비용이 다른 나라에 비해 비교적 비싼 일본에서는 규모를 확대하는 것만이 능사가 아니다. 규모가 커지면 매출

은 오르겠지만 손에 들어오는 이익은 그다지 늘어나지 않을 것이다.'

데이터를 분석한 결과, 일본에서 가족끼리 농사를 지을 경우 벼농사는 10~15헥타르, 밭농사는 2~3헥타르 규모일 때 수지가 가장 잘 맞는다는 사실을 알 수 있었습니다. 참고로 벼농사는 30헥타르 이상, 밭농사는 20헥타르 이상이 되면 인건비 면에서 유리하겠지만 규모가 어중간하면 오히려 비용이 많이 듭니다.

후우라이에서는 이런 판단에 기초하여 가공, 음식 세트 개발, 폐기 방지, 직판에 이르기까지 모든 활동을 더 작은 면적에서 소화할 수 있도록 했습니다.

## 농가의 '실제 수입'

이쯤 되면 시장에 작물을 납품하는 일반 농가가 실제로 얼마만큼의 소득을 버는지 궁금해질 것입니다.

일본 농수산성•의 '식품 유통 단계별 가격 형성 조사 및 청과물 경비 조사'(2013년도)에 따르면, 청과물(조사 대상 16품목) 소매가격의 45.8 %는 생산자에게 돌아가고, 나머지 54.2 %는 유통 경비로 쓰인다고 합니다. 그리고 이 유통 경비의 15.3 %는 집하 및 출하 단

• 우리나라의 업무 부처는 농림축산식품부가 있다.(역주)

체 경비, 4.7 %는 도매 경비, 8.8 %는 중간 도매 경비, 25.4 %는 소매 경비였습니다. 즉, 판매 가격이 100엔인 채소라면 농가가 46엔을 가져가는 것입니다. 그리고 그중 약 70 %(46엔×0.7=32엔)가 농업 경비로 지출되므로 순이익은 14엔이 됩니다.

예를 들어 양배추는 평균 소매가격이 150~200엔이므로 개당 농가의 순이익이 21~28엔입니다. 그러므로 앞서 말한 일본 농가의 평균 연소득인 200만 엔을 벌기 위해서는 한 해에 양배추를 7만 1,000개~9만 5,000개나 팔아야 한다는 결론이 나옵니다. 심지어 상품 가치가 있는 상품으로 한정해도 말이죠.

## 숫자로 살펴보는 '소규모의 이익'

대규모의 이익을 누리려면 대량 매입 등을 통하여 위에서 말한 농업 경비(판매 가격 100엔인 채소는 32엔)를 최대한 줄여야 합니다. 몇만 개씩 출하한다면 경비가 약간 줄기는 할 것입니다. 그러나 앞서 말했다시피 농업에서는 규모가 커져도 경비가 크게 줄어들지는 않습니다.

한편, 농업 경비를 줄이는 것이 아니라 유통 과정을 전부 직영화하여 유통 경비를 줄이면 어떻게 될까요?

시장에서 100엔에 팔리는 상품을 직판으로 돌리면 100엔(판매 가격)－32엔(농업 경비) ＝ 68엔이 남습니다. 이것만으로도 시장에 납품할 때보다 약 5배 많은 이익을 얻을 수 있습니다. 거기에 '무농약' 같은 장점을 내세워 판매 가격을 올린다면 규모가 작아도 충분히 승산이 있습니다. 뜬구름 잡는 얘기라고 생각할지도 모르지만, 대규모 농장도 자연재해, 기후 위험, 시장 위험(가격 폭락) 등에서 자유롭지 못한 것은 마찬가지고, 그런 점에서는 소규모가 오히려 유리합니다. 그리고 제가 실제로 소규모 경영을 하면서 발견한 또 다른 '소규모의 이익'이 있습니다.

## '3만 엔짜리 텃밭용 기계' 만으로도 충분한 이유

농지나 가공 공장의 규모가 커질수록 큰 설비와 기계를 구입하게 되지만, 처음부터 규모를 확대하지 않겠다고 마음먹으면 투자액에 상한을 두게 됩니다.

크기가 커질수록 대규모의 이익이 작용하여 가격이 저렴해지는 일반 기계와는 달리, 농기계는 크기가 커져도 가격이 저렴해지지 않습니다.

저도 예전에 조금 크긴 해도 '중고라서 가격이 저렴하니까 사볼까?'라는 생각으로 트랙터를 구입한 적이 있습니다. 그런데 고장이 나서 수리를 했더니 부품 교체비, 수리비가 엄청나게 나와서 크게 후회하게 되었습니다.

이러한 측면에서 살펴보면 작은 텃밭용 기계나 가정용 조리 기구 등이 가격도 저렴하고 옵션도 다양해서 활용도가 높습니다. 게다가 일반 소비자에게 보급되는 제품이므로 수리도 빠르고 저렴합니다. 현재 후우라이에서도 텃밭용 관리기(컬러화보 8쪽)를 제일 많이 쓰고 있습니다.

요즘은 전국적으로 농경지가 남아돌기 때문에 밭을 빌리는 값은 그리 비싸지 않습니다(땅 상태에 따라 조금씩 달라지지만 대개 1,000 $m^2$ 당 연간 1~2만 엔 정도). 그래서 넓은 밭을 구해서 다양한 채소를 키우겠다고 생각하는 사람이 많은데, 농지를 넓히면 그만큼 농업 경비(기존 재배 방법일 경우 비료값, 기계값, 농약값 등)와 수고의 시간이 많이 들어간다는 사실을 기억해야 합니다.

반면, 처음부터 농지가 소규모면 뜻하지 않은 지혜가 생겨납니다. 후우라이는 지금도 소량 다품종을 재배하고 있지만, 앞으로는 섞어심기(하나의 이랑에서 여러 채소를 키우는 것)를 통해 채소 종류를 더 늘릴 계획입니다. 섞어심기를 하다 보면 다른 채소끼리 서로 도와 더 좋은 결과를 내기도 합니다.

대규모 농업에는 대형 기계가 필요할지 몰라도 이런 소량 다품종 농업에는 소형 기계만 있어도 충분합니다(오히려 대형 기계가 들어갈 공간이 없는 경우가 많습니다).

다품종을 키우면 병충해, 기후, 시장 가격에 관련된 위험도 분산시킬 수 있습니다(밭의 활용에 대해서는 3장에서 자세히 다루었습니다.).

## 네트워크의 중요성
## : 농가끼리 판매하는 '하급미(米)' 활용

'대량으로 원재료를 매입하여 원가를 절감할 수 있다'는 것도 대규모의 이익 중 하나입니다. 그러나 앞서 말했다시피 비슷한 품질의 상품이 대량으로 필요할 때는 양이 가장 많은 중급이나 하급의 원자재가 사용되기 쉽습니다. 또 농산물의 경우, 흠집이 났거나 규격에 맞지 않아 시장에서 불합격을 받은 상품이라도 맛과 안전성 면에서는 아무 문제가 없습니다.

앞에서 '소규모의 이익'의 예로 김치 담글 때 속 재료로 들어가는 사과(저농약으로 재배한 맛있는 사과 중 상처 난 것, 규격에 어긋난 것을 농가들에게 염가로 팔고 있음)를 언급했는데, 소규모 농업을 하다 보면 이렇게 채소나 과일을 알음알음으로 구매하게 될 때가 많습니다.

예를 들어 낟알이 작은 쌀은 '하급미'로 분류되어 시장에 유통되지 않습니다. 그래서 후우라이에서는 이웃 농가에서 구입한 하급미를 가정용 제분기로 빻아 쑥경단의 원재료로 쓰고 있습니다.

시판되는 일본산 쌀가루는 저렴한 곳이라도 20 kg에 1만 3,000엔인 데 비해 농가에서 하급미를 사서 직접 빻으면 20 kg에 4,000엔밖에 들지 않습니다(70 % 절감효과). 찹쌀가루도 시중에서는 20 kg에 2만 5,000엔인데 직접 빻으면 20 kg에 6,000엔으로 저렴해집니다(76 % 절감).

수고는 들지만 그 이상의 부가 가치가 생기는 것입니다. 게다가 시판되는 쌀가루는 일본 국내산인지 아닌지 알 수 없는 반면, 농가에서 산 것은 지역에서 생산된 것이 확실한 데다 어떤 방식으로 재배했는지도 알려져 있으므로 고객에게 그 점을 호소할 수 있습니다.

쌀 농가에서 얻어온 쌀겨, 왕겨, 볏짚도 밭농사에 큰 도움이 됩니다. 관점을 바꾸면 버릴 것이 보물이 되기도 하는 것입니다. 효율을 중시하는 대규모 농업에서는 결코 불가능한 일입니다.

## 작기 때문에 '속도감'으로 승부할 수 있다

후우라이에서는 광고, 판촉, 생산, 판매, 경리, 경영, 기획, 출하를 우리 부부가 전부 도맡아 하고 있습니다. 말하고 보니 대단하게 들리지만 작은 농가이기 때문에 전부 가능한 일입니다. 그만큼 작은 업체에 유리한 환경이 갖추어진 시대입니다.

최근 빠른 속도로 변화를 일으킨 것이 PC와 스마트폰 등 IT기기의 발전입니다. 비약적으로 발전한 정보 처리 시스템은 개인 사업에도 큰 도움이 되고 있습니다. 지금 인터넷으로 상품을 파는 사람은 소프트웨어(혹은 시스템)를 사용하여 수주 전표, 납품서, 택배 전표를 자동으로 작성할 수 있고, 무엇이 얼마나 팔렸고 무엇을 준비해야 하는지도 금세 파악할 수 있습니다.

물건을 팔 때 가장 번거로운 과정이 대금 회수인데, 요즘은 신용카드로 결제하거나 결제 대행 서비스를 이용하는 것이 당연해져 대금 회수로 골머리를 썩이거나 시간을 허비하는 일도 거의 없어졌습니다.

광고, 판촉도 훨씬 수월해졌습니다. 처음에는 전단을 만들어 뿌리고 홍보 우편을 발송하는 등 수고와 비용이 꽤 들었지만 요즘은 홈페이지에 공지를 띄우고 메일로 소식지를 보내면 됩니다. 집에 있으면서 거의 무료로 광고와 판촉을 해결하게 된 것입니다.

## '주키니 고추절임'을 '제철 채소 고추절임'으로 바꾼 결과

후우라이에서는 처음부터 절임 등을 담는 봉투에 붙일 라벨과 원재료가 표시된 라벨을 가정용 프린트로 인쇄해 왔습니다.

외부 업체에 라벨 생산을 의뢰할 경우 몇천 장 단위가 되어야만 가격이 저렴해지고 납품 시간이 단축됩니다. 하지만 직접 디자인하여 인쇄하면 빠르고 싸게 제작 할 수 있습니다.

빠르고 예쁘게 인쇄되는 컬러 레이저 프린터도 예전에 비해 많이 저렴해졌습니다. 혼자해도 전문가가 만든 듯한 라벨을 집에서 만들 수 있습니다. 그 덕분에 이제는 기획(아이디어)에서부터 판매에 이르는 모든 과정이 일사천리로 끝납니다.

예전에 한 번 '주키니 고추절임'을 만들어 보았다가 맛있어서 상품으로 기획한 적이 있습니다. 판매 가격과 용량을 기재하여 봉투 라벨과 원재료 라벨을 만들었습니다. 상품 사진을 찍고 설명을 덧붙어 홈페이지에 고지했습니다. 여기까지 약 1시간이 걸렸습니다. 그야말로 소규모라서 가능한 속도입니다. 그런데 막상 '주키니 고추절임'을 홈페이지에 공개했더니 주키니가 아직 낯설었을 때여서 그런지 크게 반기는 분위기가 아니었습니다. 게다가 '고추절임'이라는 말도 어색하게 느껴졌던지, 판매가 저조했습니다. 이때 '소규모의 경영'이 진가를 발휘했습니다. 일주일쯤 지켜보다가 이 상품의 판매를 중지시켰습니다.

그리고 이름을 '제철 채소 고추절임'으로 바꿔서 봉투 라벨을 새로 만들고 홈페이지에 올린 정보도 수정한 후 판매를 재개했습니다. 낯선 이름인 '주키니'를 빼고 그 시기에만 맛볼 수 있다는 뜻으로 '제철'이라는 말을 넣은 것입니다.

그랬더니 이게 웬일입니까? 날개 돋친 듯 팔리기 시작해서 금세 계절 인기 상품이 되었습니다. 만약 봉투 라벨을 외부에 의뢰했다면 쉽사리 판매를 중단하지 못했을 것입니다. 아니, 애초에 새로운 상품을 그렇게 가벼운 마음으로 기획하지도 못했겠지요.

## 작으면 인간관계도 원활해진다

농업을 새로 시작한다는 것은 논밭이 있는 지역으로 생활 기반을 옮긴다는 뜻이기도 합니다. 다행히 지금은 전국적으로 노는 땅이 많고 농가 수가 줄어서 그런지 농촌 사람들도 예전만큼 폐쇄적이지 않습니다. 그래도 '튀어나온 못이 정 맞는다'라는 말처럼, 사전 얘기없이 농촌에서 색다른 일을 하면 금방 눈에 띄어 눈총을 받기 쉽습니다. 게다가 아무리 농사에 자신 있는 사람도 주변 사람들과 사이가 벌어지면 농업용수를 못 쓰게 되는 등 큰 어려움을 겪습니다.

지역 사회와 사이가 좋아야 농사를 제대로 지을 수 있습니다. 후우라이는 처음부터 상당히 색다른 방식을 취했지만, 규모가 작아서 그런지 주변에서 '뭔가 열심히 하고 있구나'라며 지켜봐 주는 분위기였습니다. 이것도 '소규모의 농사'의 장점일 것입니다.

몇 년 후부터는 이웃들이 '지역 농협에 무농약 재배를 하고 싶다는 사람이 찾아왔으니 한 번 상담해 보세요.'라며 다른 사람에게 후우라이를 소개하기 시작했습니다.

농부는 일터(농지)를 쉽게 옮길 수 없습니다. 그러므로 지역에 빨리 적응하는 것이 매우 중요합니다. 작은 규모로 시작하면 주위와 쉽게 신뢰를 쌓고 인간관계를 구축하기가 쉬워집니다.

## '청경우지'의 자세로 자유롭게 일한다

가족끼리 일하면 힘들다고 하는 사람이 많습니다. 맞습니다. 쉽지 않습니다. 하지만 가족이기 때문에 편한 점도 있고, 무엇보다 시간을 융통성 있게 쓸 수 있어서 좋습니다. 특히 농업은 자연의 영향을 많이 받습니다. 농번기, 농한기라는 말이 있듯 계절과 날씨에 따라 일의 종류와 양이 완전히 달라집니다.

지금은 농업계에서도 법인화가 진행되어 정해진 시간에 출퇴근하고 정해진 요일에 쉬는 농장이 많지만, 그렇게 사람의 사정에 자연을 맞추다 보면 어딘가에서 문제가 생기기 마련입니다.

농사를 지을 때는 사람이 자연의 리듬에 맞추어야 좋은 결과를 얻을 수 있습니다. 비 오는 날 억지로 흙을 일구었다가 결과적으로 땅을 딱딱하게 만드는 등 많은 실패를 경험했습니다. 그래서 요즘은 '쉬는 것도 농사'라고 믿으며 비 오는 날에는 밭에 나가지 않고 절임을 만들거나 다른 일을 합니다. '청경우독(晴耕雨讀)'이 아니라 '청경우지(晴耕雨漬)'인 셈입니다•. 또 계절에 따라서도 상당한 차이가 있어서, 여름(6~8월)에는 새벽 4시에 일어나고(밝아서 저절로 눈이 떠짐) 겨울(12~2월)에는 아침 7시에 일어납니다. 이렇게 생활 패턴을 맞추면 일도 잘되고 몸도 건강합니다.

요즘 글로벌 기업들은 모든 직원들이 같은 시간에 일하는 것이 오히려 업무 효율을 해친다며 업무 시간을 탄력있게 운영하기 시작했는데, 어찌보면 업무의 유연성 측면에서 농업과 닮았습니다.

---

• 청경우독: 맑은 날은 밭을 갈고 비 오는 날은 책을 읽는다, 즉 부지런히 일하며 공부한다는 뜻의 사자성어. 저자는 여기서 '읽을 독(讀)' 자를 '담글 지(漬)' 자로 바꾸어 '맑은 날은 밭을 갈고 비 오는 날은 절임 식품을 담근다'라는 뜻의 새로운 사자성어를 만들었다.(역주)

그렇지만 사람을 고용하면 지금처럼 자연의 리듬에 맞춰 일하기가 어려워질 것입니다. 일 년 내내 할 일을 만들어줘야 하고, 비 오는 날에도 느긋하게 쉬자고 말할 수도 없습니다. 하지만 가족끼리 일하다 보니 서로 합의만 되면 시간을 자유롭게 쓸 수 있습니다. 아이가 마라톤 대회에 나가는 날이면 일을 일찍 마치고 응원하러 갑니다. 또 조금 한가할 때는 산에 물을 길으러 갔다가 눌러앉아서 커피를 마시거나 도시락을 먹고 내려오기도 합니다.

요즘 우리 가족은 일 년에 두 번정도 여행을 갑니다. 얼마 전에도 아이들이 더 크기 전에 좋은 추억을 만들려고 동절기 해외여행을 다녀왔습니다. 이것도 가족끼리 일하기 때문에 가능한 일입니다. 아이가 성장하면 부모와 같이 다니려 하지 않을 테니 기회가 있을 때 열심히 다니려고 합니다.

## '소규모의 경영'을 누리기 위해 필요한 세 가지

'소규모의 경영'에 대해 이것저것 말했는데, 이 경영을 최대한 활용하려면 다음 세 가지를 먼저 갖추어야 합니다.

- 직판 채널
- 네트워크
- IT 활용 기술

특히 귀농 전부터 네트워크를 구축해 두는 것이 무척 중요합니다. 농업에만 머무르는 게 아니라 다른 업종에 종사하는 지역 주민들과도 어울리다 보면 다양한 힌트를 얻을 것입니다. 적극적으로 나서서 새로운 인연을 맺으려고 노력해야 합니다.

저는 사람 만나는 일을 좋아하여 다양한 자리에 얼굴을 내민 덕분에 지금처럼 네트워크를 넓힐 수 있었습니다. 일에 도움을 받을 생각으로 사람들을 만난 것은 아니었지만, 지금 이렇게 행복하게 농사를 지을 수 있는 것은 전적으로 그때 맺은 인연 덕분입니다.

# 3장

## 후우라이의 '재배, 가공, 직판 + 지혜 교실'의 노하우 전격 공개

'일본에서 제일 작은 전업농가'인 후우라이를 이렇게 작은 규모(일반 농가의 10분의 1 이하인 3,000 m$^2$)로도 알차게 운영할 수 있는 것은 '재배', '가공', '직판'을 병행하기 때문입니다. 이 세 가지는 후우라이의 핵심입니다. 그리고 거기에 꼭 보태야 할 것이 농가에게는 아직 낯선 '지혜 교실'입니다. 이것은 농가뿐만 아니라 모든 분야에서 가능성이 큰 사업입니다.

지금부터 저의 생생한 실패담을 곁들여 가며 후우라이의 핵심 기술들을 구체적으로 소개하겠습니다.

## 초보에게 추천하는 두 권의 책

저는 후우라이를 개업했을 때부터 무농약으로 채소를 키웠습니다. 그런데 1999년 당시에는 채소 재배 기술을 전수받을 만한 뚜렷한 경로가 없어서 시중의 서적을 틈틈이 독학해야 했습니다.

처음에는 시판되는 유기질 100 % 비료를 썼지만 무척 고가(질소, 인산, 칼륨 등 성분 비율로 보면 화학 비료 가격의 5배)인 데다 아무리 유기질 100 %라고 해도 원재료 성분을 모르는 채 쓰는 것이 무책임하다는 생각이 들었습니다. 그래서 개업 2년 차부터는 동네 양돈장에서 얻어 온 돈분(豚糞) 퇴비로 땅의 밑바탕을 보강한 다음 직접 만든 비료를 뿌렸습니다.

참고로, 제가 채소 재배 기술을 익히는 데 가장 도움이 되었던 책은 《도해 텃밭 깜짝 교실(図解 家庭菜園ビックリ教室)》(국내 미출간)과 《EM으로 생생한 텃밭(EMでいきいき家庭菜園)》(국내 미출간)입니다.

현재 후우라이에서는 이 책들이 가르치는 것과 전혀 다른 방식을 쓰고 있지만, 이 두 권은 매우 다양한 채소의 이상적인 포기 간격(채소를 심을 때 포기와 포기 사이를 띄우는 간격)과 모종 심는 법 등을 폭넓게 설명하고 있으므로 지금까지도 상당히 쓸모가 있습니다.

귀농 후 10년 정도는 줄곧 '돈분 퇴비 + 자가 비료'를 이용하여 채소를 재배했습니다. 처음에는 수확량이 채소마다 제각각이라 힘들었지만, 비료 주는 법을 조금 터득한 3년 차부터는 수확량도 안정되었습니다.

## '탄소 순환 농법'<br>이란?

귀농 13년 차(2012년 3월)에 '탄소 순환 농법'(무비료 재배)을 도입했습니다. 더 안전한 채소를 키우고 싶기도 했고, 이전의 농법을 쓰면서 해충 피해를 많이 당했던 탓에 방법이 잘못되었을지도 모른다는 생각이 들었기 때문입니다.

'탄소 순환 농법'이란 토양의 질소 비율을 낮추고 탄소 비율을 높이는 농법입니다. 구체적으로는 질소 비료를 쓰지 않는 대신 버섯 폐균상•과 바크 퇴비••, 녹비•••, 잡초 등을 겉흙에 섞어서 버섯균 등 사상균을 활성화하고 토양의 질소 비율을 낮춥니다. 기존의 재배에서는 채소를 재배하는 데 질소를 가장 중시하므로(화학 비료나 유기질

• 버섯을 키우는 데 쓰였던 균상. 보통 톱밥과 미당(米糖)을 굳힌 것에 종균을 심어 표고를 키운다.(역주)

•• 짚, 잡초, 낙엽 등을 퇴적하여 발효시킨 후 돈분을 섞어 만든 천연 퇴비. 냄새가 없어서 가정용으로 많이 쓰인다. '바크'(bark)는 나무껍질을 뜻한다.(역주)

••• 생풀이나 생나뭇잎으로 만든 거름.(역주)

비료에서도 질소량이 우선됨) 탄소 순환 농법은 기존의 재배나 유기농 재배에 정반대되는 방식이라 할 수 있습니다.

어떻게 이런 방식이 가능할까요? 산의 나무를 생각해 봅시다. 인간이 비료를 주는 것도 아닌데 쑥쑥 커서 아름드리나무가 되지 않습니까? 이것은 사상균이 낙엽, 마른 가지 등의 탄소 자원을 분해하여 나무뿌리에 양분으로 공급하기 때문(잎이 분해될 때 나타나는 흰 실 같은 물질이 사상균)입니다. '탄소 순환 농법'은 그 원리를 농업에 응용한 것입니다.

무슨 말인지 이해가 안 될 수 있습니다. 저도 처음에 그랬습니다. 이전에 배운 것과 정반대되는 농법이라서 저도 처음에는 반신반의했습니다. 하지만 시행착오를 거듭하다 보니 정말로 맛 좋고 안전한 작물이 꾸준히 열리기 시작해서 그 효과를 인정하게 되었습니다.

물론 처음부터 잘 되었던 것은 아닙니다. 실패도 많았습니다. 지금 후우라이에서 실천하는 후우라이식 '탄소 순환 농법'에 관한 설명은 약간 전문적인 부분이므로 뒤에서 따로 다루기로 하고 여기서는 후우라이만의 '필수적인 농업 기술'을 전반적으로 소개하겠습니다.

후우라이는 소량 다품종 전략에 따라 이랑마다 다른 채소를 심습니다(컬러화보 2쪽). 같은 채소라도 위험 분산을 위해 매번 다른 곳에 심고, 심는 시기도 조금씩 달리합니다. 그것이 가능한 이유는 우리가 한 번 세운 이랑을 계속 유지하는 반무경운 방식(겉흙만 가는 방식)을 쓰기 때문입니다. 일반 농가에서는 정기적으로 트랙터를 써서 밭을 갈고 이랑을 다시 세우기 때문에 이랑을 꼼꼼하게 관리하기 어렵습니다.

반면, 이랑을 고정시키면 이랑마다 다른 채소를 심어 일 년 내내 다양한 채소를 수확할 수 있습니다.

## 토마토, 가지, 오이 등
## 여름 채소 '섞어심기' 요령

후우라이의 대표 상품인 채소 세트를 만들기 위해서는 최대한 다양한 채소가 필요합니다. 그래서 좁은 밭에서 다양한 채소를 재배하는 것인데, 거기에 큰 도움이 되는 것이 '섞어심기'입니다.

섞어심기란 하나의 이랑에 다양한 채소를 심어 키우는 것을 말합니다. 대규모 농장에서는 이랑을 그렇게 세세히 관리하지 못하지만, 작은 밭에서는 이런 섬세한 관리가 가능합니다.

섞어심기에도 다양한 방법이 있는데, 저는 여름 채소 옆에 콩과 식물을 심는 방식을 쓰고 있습니다. 이랑의 주요 채소가 여름에 위로 자라는 채소, 즉 토마토, 가지, 오이, 피망 등(호박은 옆으로 퍼지므로 섞어심기에 부적합)이라면 그 옆에 꼭 풋콩, 강낭콩을 심는 것입니다. 참고로 가을부터 봄 사이에는 마늘과 누에콩, 양파와 껍질콩을 심습니다.

'콩이 채소의 영양분을 빼앗지는 않을까?'라고 생각할지도 모르

여름 채소 옆에는 '풋콩'

지만 콩 종류는 오히려 땅을 기름지게 만들어서 채소의 성장을 돕습니다. 콩 종류가 있으면 채소 세트의 색도 알록달록해지므로 대표 상품의 외양을 위해서라도 콩을 꼭 섞어 심습니다.

생각해 보면, 자연계에서는 한 곳에 여러 종류의 식물이 자라는 것은 당연합니다. 오히려 한 곳에 한 가지 식물만 있는 것이 부자연스럽습니다. 다양성이라는 관점에서도 섞어심기는 효과적입니다.

다만, 섞어심기를 할 때는 **수확 종료 시기를 맞추는** 데 신경을 써야 합니다. 일부 채소, 특히 주요 채소를 이미 정리한 후에도 콩이나 다른 채소가 남아 있어서 밭을 활용하지 못한다면 목적과 수단이 뒤바뀌는 꼴이기 때문입니다.

예를 들어 양파와 껍질콩을 섞어 심을 경우, 봄에 우선 껍질콩과 잎양파•를 수확합니다. 참고로 껍질콩을 수확하지 않고 그대로 키우면 껍질은 못 먹게 되지만 껍질 속의 완두콩을 활용할 수 있습니다. 완두콩까지 거둬들인 뒤에는 양파를 수확합니다. 그러면 이

• 대파처럼 잎 부분까지 먹는 양파. 우리나라에서는 양파김치를 담글 때 주로 쓴다.(역주)

랑이 비워지면서 곧바로 다음 채소를 심을 수 있습니다.

## 고객이 좋아하는 채소 파악하기

일본엔 전 세계의 종자가 수입, 유통되고 있습니다. 어떤 의미에서는 일본이 세계에서 종자가 가장 풍부한 나라일지도 모릅니다.

요즘 인기 있는 이탈리아 채소의 종자도 인터넷을 통해 아주 쉽게 구입할 수 있습니다. 시기마다 대량으로 수확되는 채소가 뻔하기 때문인지, 요즘은 동네 직판장에서도 차별화를 위해 이탈리아 채소를 취급하기 시작했습니다.

하지만 채소 세트를 15년 이상 판매하면서 느낀 점이 있습니다. 일본인이 의외로 식품에 대해 보수적이라는 것입니다. 특이한 채소를 세트에 넣었다가 항의를 받은 적도 많았습니다.

그래서 세트에는 기본적인 채소를 주로 넣고, 특이한 채소를 넣더라도 조리법과 맛을 상상하기 쉬운 것을 엄선하여 추가합니다. 그 대표가 흰 가지와 이탈리안 토마토입니다.

또, 자녀를 독립시키고 부부끼리 살거나 혼자 사는 가구가 많아져서 부피가 크고 무거운 채소의 소비는 줄고 미니 배추나 미니 양배추, 미니 무 등 크기가 작고 가벼운 채소의 소비가 늘어나는 경향이 있습니다. 이 흐름은 점점 가속될 것입니다.

## 무엇에 중점을 둘 것인가

미래에는 아마 '유기농', '무농약', '무비료', '천연' 등으로 농법이 분류되지 않을 것입니다.

무농약 재배를 시작했을 무렵에는 누군가가 제게 '왜 무농약 재배를 합니까?'라고 물어볼 때마다 '친환경이라서요' 등등 이런저런 이유를 댔지만, 지금은 그저 '취미입니다'라고만 대답합니다. 이제 그런 분류가 더이상 의미가 없다고 생각하기 때문입니다.

농업은 그 지역의 기후, 땅 모양, 지질에 따라 결과가 완전히 달라집니다. 그래서인지 항간에 다양한 농법이 넘쳐나고 있습니다. 그중 무엇이 최선이라고 단언할 수는 없습니다.

다만 저는 다양한 농법을 경험하면서 한 가지 깨달음을 얻었습니다. 농법은 어디까지나 '방법(도구)'에 불과하다는 것입니다. 무엇보다 안전하고 맛있는 채소를 키워내는 것이 목표입니다. 그리고 후우라이는 그 목표를 이루기 위한 하나의 지침으로 채소의 '질산태 질소•' 함유량을 낮추는 일에 힘쓰고 있습니다. 그렇게 키운 채

• 질소 비료를 뿌리면 비료가 질산태 질소(窒酸態窒素)로 바뀌어 식물에 흡수되며, 질산태 질소는 식물의 체내에서 질산염으로 변한다. 그런데 최근 질산염을 과다 섭취하면 암이 생긴다는 연구 결과가 발표되었다. 그러므로 비료 과다로 채소의 질산태 질소 함량이 지나치게 높아지면 인체에도 나쁜 영향을 끼칠 가능성이 있다.(역주)

소는 아린 맛도 없고 보존 기간도 깁니다. 저는 아직 이보다 나은 농법을 발견하지 못했습니다.

## 가공기술 가공은 단지 '부가 가치를 높이는 일'이 아니다

### 가공의 최대 목적

저는 채소 재배뿐만 아니라 '가공'까지 감안하여 후우라이를 창업했습니다. 그런데도 막상 일하다 보니 가공의 이점이 생각보다 더 다양하다는 사실을 알게 되었습니다.

농산물을 가공하는 첫째 목적은 부가 가치를 높여 상품을 비싸게 파는 것이라고 생각하기 쉽지만, 제 생각은 다릅니다. 농산물의 값어치를 그대로 보존하는 것이야말로 가공의 최대 목적입니다.

신선식품은 수확 직후에 가치가 가장 높았다가 시간이 지날수록 가치가 떨어집니다. 그래서 수확기에 오이나 토마토가 풍작이어서 남아돌면 빨리 팔아 치워야겠다는 생각에 너무 싼 가격으로 상품을 출하하는 농가가 많습니다.

하지만 가공 기술이 있으면 그럴 필요가 없습니다. 오이는 일단 염장해 두었다가 시간이 있을 때 술지게미(탁주를 빚으면 나오는 찌꺼기)로 절여서 (단무지 만드는 방법) 가을 이후에 천천히 판매하면 됩니다. 또, 토마토는 일단 냉동 보관했다가 시간이 날 때 갈아서 토마토주스나 토마토소스로 만들 수 있습니다. 그러니 황급히 싸게 팔아치울 필요없습니다. 심지어 갈라진 토마토도 활용할 수 있습니다. 한 번 갈라진 토마토는 빨리 손상되므로 신선식품으로 판매하기 어렵지만, 내용물은 무척 맛있어서 주스나 소스로 활용하기에 안성맞춤입니다. 가공을 통해 농가는 낭비를 없애고 고객은 수제 가공식품을 싸게 구매하니, 그야말로 누이 좋고 매부 좋은 일입니다.

작은 농가로서 특히 고마운 것은 가공 기술 덕분에 시간 활용에 융통성이 생겼다는 점입니다. 농부는 절기와 기후에 따라 일하는 양이 달라집니다. 평소에는 농사에 집중하다가 비 오는 날이나 농한기에 집중적으로 가공 작업을 하면 됩니다. 즉, 가공 덕분에 시간을 훨씬 효과적으로 활용하게 되었습니다.

## 농기구보다 먼저 갖출 것들

후우라이는 애초에 절임으로 출발한 곳이라서 농기구를 마련하기 전에 조리 설비와 조리 도구부터 마련했습니다. 그중에서도 핵심적인 설비는 냉장창고(폭 360 cm, 깊이 180 cm, 높이 230 cm), 냉동 케이스(폭 135 cm, 깊이 72 cm, 높이 84 cm), 빙온* 저장고(폭 76 cm, 깊이 65 cm, 높이 84 cm)였습니다. 그다음으로 오븐 겸용 가스레인지를 개업 5년 차에 구입하였습니다(원래 결혼 5주년을 기념하여 아내에게 선물했던 것인데,

미안하게도 지금은 순전히 업무용으로 쓰이고 있습니다).

이 외에 믹서, 푸드 프로세서, 핸드믹서 등은 가정용 중에서 제일 큰 것을 구입했습니다. 전문가용 조리 기구는 훨씬 비싸기 때문입니다. 후우라이의 사용량에는 가성비 좋은 가정용이면 충분합니다.

냉장창고를 갖추려면 초기 투자비와 설치할 장소를 마련해야 하고 달마다 전기료 등 운영비도 내야 합니다. 그러나 냉장창고가 있으면 가공식품을 신선하게 보존하고 채소의 품질을 좀 더 오래 유지할 수 있습니다.

일반 농가에는 드문 설비지만 처음에 제대로 설치해 두면 강력한 무기가 될 것입니다.

---

• 0℃ 전후 온도를 유지하는 저장고. 우리나라에서는 주로 김치냉장고를 사용한다.(역주)

냉장창고

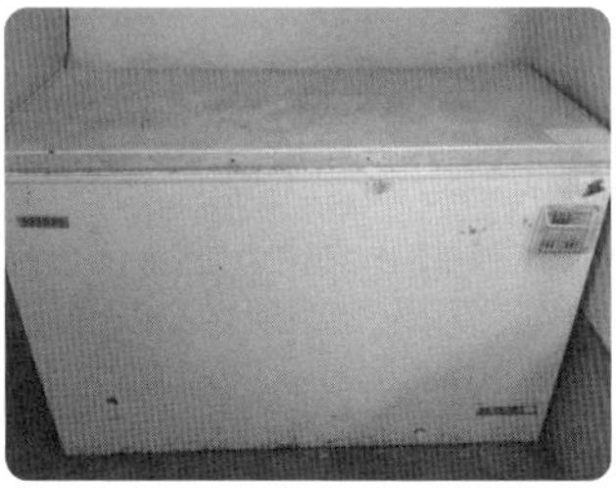

냉동 케이스

빙온 저장고

오븐 겸용 가스레인지

## 후우라이의
## 3대 인기 가공식품

후우라이의 가공식품은 '절임'과 '과자'로 크게 나눌 수 있습니다.

### '절임을 사 먹는 시대'임을 간파한 '절임' 전략

후우라이의 절임 인기 순위는 아래와 같습니다(컬러화보 3쪽).

- 1위 : 배추김치
- 2위 : 제철 채소 쌀겨 절임•
- 3위 : 무김치

절임 음식은 어머니에게서 물려받은 배추김치에서 출발했습니다. 양념을 처음부터 만드느라 손이 많이 들어가긴 해도 그것만은 포기할 수 없습니다. 들이는 수고에 비해 가격도 싼 편이지만 배추김치는 후우라이의 간판 상품이기 때문에 저렴한 가격을 유지하고 있습니다.

원래 어머니의 김치는 훨씬 달았는데, 나중에 제가 채소 맛을 돋보이게 하려고 단맛을 줄인 것이 지금의 후우라이 배추김치입니다.

---

• 쌀겨에 소금을 섞어서 삭힌 후 오이, 당근 등의 채소를 넣고 절여낸 음식.(역주)

그 외에도 무, 가다랑어 절임, 제철 채소 겉절이, 쌀겨 절임 등이 있습니다. 겨울에는 호쿠리쿠(北陸)[•] 특산인 순무 고등어 절임, 무 초밥 등 누룩에 절인 음식도 판매합니다. 여름에는 샐러드 대신 먹기 좋은 산뜻한 겉절이와 쌀겨 절임, 겨울에는 짠맛과 단맛이 강한 누룩 절임과 술지게미 절임 등이 인기입니다.

겉절이는 집에 있는 조미료로 쉽게 만들 수 있는 음식인데도 후우라이에서 겉절이를 주문하는 고객이 무척 많습니다. 새삼 절임을 사 먹는 시대가 왔음을 느낍니다.

후우라이의 겉절이, 쌀겨 절임은 주문이 들어온 뒤에 만드는 상품입니다. 이처럼 섭취 기한이 짧은 무첨가 요리를 각 가정으로 보낼 수 있는 것도 작은 농가가 인터넷에서 예약을 받아 재빨리 생산하고 발송하기 때문입니다. 이런 특성이 또 하나의 차별화 포인트가 되고 있습니다.

예전에 한 고객이 '후우라이의 절임에서는 채소 맛이 난다'라는 음식평을 준 적이 있습니다. 처음에는 당연한 소리를 한다고 생각했지만 '요즘 판매되는 절임은 하나같이 너무 흐늘흐늘해서 눈 감고 먹으면 그게 오이인지 가지인지 모르겠다'라는 말을 들으니 고개가 끄덕여졌습니다. 그때, 농가로서 어떤 절임을 만들어야 할지 깨달았습니다.

---

• 일본의 혼슈 주부 지방 가운데 동해에 접하는 지방. 눈이 많이 내리는 곳으로 유명하다.(역주)

농가라면 채소의 맛을 중시하고 채소의 장점을 끌어내는 데 집중해야 한다는 것을 말입니다.

### 과자가 안정적 경영에 크게 기여하는 이유

후우라이 과자의 인기 순위는 다음과 같습니다(컬러화보 3쪽).

- 1위 : 시폰케이크
- 2위 : 쑥경단
- 3위 : 가토 쇼콜라(초콜릿 케이크)

처음에는 인터넷에서 과자를 판매하지 않았습니다. 쑥경단과 찰떡을 아침 시장, 축제 등의 행사에서 간판 상품으로 활용했을 뿐입니다.

예전에 어떤 백화점 매입 담당자에게서 '행사장에 절임 가게가 세 곳 이상 있으면 다 같이 파리를 날리지만 과자 가게는 몇 개가 있어도 다 잘 된다'라는 말을 들었는데, 정말이었습니다. 행사장에서 과자에 이끌려 찾아온 손님에게 절임 맛을 선보이고 구매를 성사시킨 적도 많았습니다.

시폰케이크와 비스킷 등은 개업 5년 차에 가스 오븐을 구입한 이후 판매하기 시작했습니다. 케이크류는 인터넷 전용입니다. 주문을 받아서 하나씩 만들기 때문에 손이 많이 가지만, 그만큼 실속 있는 상품이기 때문에 엄선한 재료로 정성 들여 만들고 있습니다.

시폰케이크 몇 가지를 1년 내내 판매하고, 거기에 계절별로 가토 쇼콜라와 혼합 과일 머핀, 고구마 파운드케이크, 슈톨렌• 등을 추가합니다.

인터넷 판매를 시작할 당시에는 채소와 김치 가게에서 과자를 사는 사람이 얼마나 있을지 걱정이 되었지만, 흔히 말하듯 '과자배'가 따로 있는 것인지, 과자를 사면서 절임도 함께 사는 고객이 많았습니다. 같은 과자라도 가게마다 가격이 다르다는 점에 주의하여, 엄선된 재료를 쓰면서도 고객이 구매하기 부담 없는 가격을 붙이려고 노력하고 있습니다(상품 가격에 대해서는 홈페이지를 통해 공지합니다).

앞에서 쑥경단과 찰떡은 행사 전용이라서 인터넷에서 판매하지 않는다고 말했는데, 재배법을 '탄소 순환 농법'으로 전환한 후로는 매주 쑥경단을 만들어 인터넷에서도 판매하고 있습니다. 농법을 전환한 초기에는 채소가 잘 자라지 않아 채소 세트 판매를 일시적으로 중단할 수밖에 없었고, 그 때문에 매출이 격감했으므로 빈 곳을 메울 수단이 필요했기 때문입니다.

주된 매출은 동네 직판장에서 나오고 있었지만, 인터넷 고객들의 입맛에 소박한 맛이 적중했던지 쑥경단도 금세 인기 상품이 되었습니다. 그래서 채소를 정상적으로 수확하게 된 후에도 쑥경단

• 독일 사람들이 크리스마스 때 즐겨 먹는 이스트 발효 빵.(역주)

을 매주 만들어 판매함으로써 안정적인 경영을 꾀하고 있습니다.

## 후우라이의 노동력은 1.5명

저는 앞서 말한 가공 작업, 즉 절임이나 과자 생산에 전혀 관여하지 않습니다. 가공은 순전히 아내의 영역입니다. 특히 '후우라이 아주머니의 과자'에는 일절 간섭하지 않습니다(쑥경단만 수요일 아침에 같이 만듭니다). 저는 밭일, 채소 세트 만들기, 그 외 세트 만들기만 담당합니다. 좋은 의미에서 철저한 분업이 이루어지고 있는 것입니다.

발송도 제가 담당하는데 아침마다 이튿날 발송할 상품 리스트를 인쇄해서 잘 보이는 곳에 두고 무엇을 얼마나 준비해야 할지 일목요연하게 파악합니다. 그러면 시간이 날 때 필요한 것을 꺼내서 준비하기 쉽습니다.

간호사 출신인 아내는 요리를 좋아하기는 했지만 요리를 본격적으로 공부한 적은 없었습니다. 그런데 아이가 생기고 살림을 하면서 취미로 시작한 과자 만들기에 점점 더 빠져들었습니다. 그래서 과자 만들기를 배우러 도쿄와 교토에 몇 번 다녀오고 집에서 실습을 거듭하더니 지금처럼 과자를 척척 만들어내게 되었습니다.

아이가 아직 어린 동안에는 한나절만 아내의 도움을 받기로 했습니다. 그래서 지금 후우라이의 노동력은 1.5명입니다. 아내는 육아와 가사를 돌보는 틈틈이 이튿날을 위한 준비까지 하고 있으므로 실제로는 한나절 이상 일하는 셈이지만, 가족끼리 일하다 보니 별문제는 없습니다.

초기에는 아내도 밭일을 도왔습니다. 그런데 언젠가부터 채소에 물만 가끔 주고 이런저런 핑계를 대면서 밭일에서 발을 빼기 시작했습니다. 이상하다는 생각이 들 무렵 마침 언론 인터뷰가 있었습니다. 그때 제가 자리를 잠시 뜬 사이에 기자가 "아내분도 밭일을 하십니까?"라고 물어보자, 아내가 "아뇨. 저는 밭일은 안 해요."라고 딱 잘라 말했다고 합니다. 그러더니 "제가 밭일을 어느 정도 하게 되면 남편은 성격상 전국 어디서 부르든 강연을 하러 가 버릴 거예요. 제가 밭일을 아예 못 해야 장거리 출장으로 집을 비우지 않겠죠."라고 덧붙였다는군요. 그 말을 듣고 아내에게 미안하면서 이해가 되었습니다.

하지만 가족이기 때문에 같이 일하다 보면 충돌할 때가 있습니다. 특히 밭일은 상황에 따라 할 일이 달라지므로 충돌할 여지가 많습니다. 그러고 보면 지금처럼 역할을 확실히 분담하는 것이 가족 사업을 원만하게 지속하는 비결인 것 같습니다.

## 서양과자인가 일본과자인가?
## 이익에서 '원가율'을 역산하자

6차 산업화의 목적을 이야기할 때 잠시 언급했듯이, 가공식품을 취급하는 목적은 바쁘게 사는 것이 아니라 소득(이익)을 늘리는 것입니다. 이 사실은 굉장히 중요합니다. 그러므로 항상 원가율을 생각하는 습관이 필요합니다.

'후우라이 아주머니'의 과자 중 가장 잘 팔리는 것은 시폰케이크와 계절별 디저트입니다. 그중 양과자는 확실히 잘 팔리긴 하지만 밀가루 등 원재료 비용이 상당히 많이 듭니다. 고구마 파운드케이크처럼 직접 키운 채소를 쓰는 양과자도 사정이 비슷해서, 밀가루, 버터, 계란이 대부분이고 채소는 10%도 채 들어가지 않습니다. 최근에는 버터 등 유제품도 가격이 급등할 때가 있어 방심할 수 없습니다.

반면 일본과자는 일본인에게 친근한 재료로 만들어집니다. 쑥경단과 찰떡의 주원료인 쌀은 농가 네트워크를 통해 품질에 비해 저렴한 가격으로 매입하고 있습니다. 그래서 양과자의 원가율은 30% 정도이고 일본과자의 원가율은 15% 정도로 낮습니다.

그래도 일본과자가 더 낫다고 말할 수 없는 것은 양과자가 일본과자보다 단가도 높고 인기도 많기 때문입니다. 그러므로 둘 사이의 균형을 맞추는 것이 중요합니다. 아무리 많이 팔아도 이익이 남지 않으면 의미가 없으므로 언제나 이익 기반으로 사고하는 습관이 필요합니다.

## 직판기술 세트 판매로 단가를 올리고 이름을 내걸어 신뢰도를 높인다

### 채소
### 판매 전략

소규모 다양성 농업의 핵심은 직판입니다. 거듭 말하다시피 후우라이는 김치를 만들어 팔면서 사업을 시작했습니다. 하지만 김치 같은 가공식품은 채소와는 달리 시장에서 취급해 주지 않으므로 판로를 확보하기가 어려웠습니다. 그때 이전에 구축해 놓았던 네트워크가 큰 도움이 되었습니다.

독립하기 전부터 농업 청년회의*에 참여했는데, 거기서 친해진 사람들이 소개한 직판장 몇 곳에 채소를 납품하게 된 것입니다. 지금은 지역마다 대형 채소 직판장이 생겨 그런 농가 단위의 직판장을 찾아보기 힘들지만, 어쨌든 제가 만든 상품을 납품하여 고객에게 판매한 경험이 제게 자신감을 주었습니다.

한편 대형 직판장에도 절임과 채소를 납품했는데, 그때 채소를 단품으로 팔면 가격이 너무 싸진다는 것을 알게 되었습니다. 한 봉지에 100엔, 150엔이라서 아무리 정성껏 키워도 그 정성이 전달

* 우리나라엔 농촌진흥청에서 운영하는 「똑똑! 청년농부」에서 다양한 정보를 참고할 수 있다.(역주)

되지 않는 데다 다른 상품과 가격 차가 벌어지면 전혀 팔리지 않으니 가격을 올릴 수도 없었습니다. 그래서 방향을 바꾸어 채소를 세트로 판매하면서 직판에 집중하기로 했습니다.

## 세트 판매로 매출을 대폭 늘린 비결

농산물의 부가 가치를 높인다고 말하면 가공 작업을 먼저 떠올리겠지만, 부가 가치로 수익을 올리는 데에는 세트 판매도 무척 효과적입니다.

단품으로 팔면 100엔밖에 안 되는 채소라도, 모아서 세트로 판매하면 2,000~3,500엔이 됩니다. 물론 가격에 걸맞은 채소를 준비해야겠지요. 그래도 팔린다는 확신이 있으면 농사를 안심하고 지을 수 있는 데다 직접 세트를 구성하여 폐기를 최소화 할 수도 있습니다. 그 덕분에 덤으로 채소를 더 보내기도 합니다. 무엇보다 고객 1인당 구매액이 높아지는 것이 가장 큰 장점입니다.

현재 후우라이에서는 채소를 세트로만 판매하고 있습니다. 단, 대량으로 수확한 열매채소는 채소 세트를 주문하는 고객에 한해 단품으로 추가 구매할 수 있도록 했습니다. 하지만 채소를 키우는 능력과 채소 세트를 구성하는 능력은 별개라는 사실을 시간이 갈수록 절감하게 됩니다.

무가 아무리 풍작이라도 세트에 세 개씩 집어넣으면 한 집에서

다 먹을 수 없습니다. 보내는 사람은 '덤으로 보내는 것이니 괜찮다'라고 생각하더라도 받는 사람은 '이것도 요금에 포함되어 있겠지!'라고 느껴서 역효과가 날 수도 있습니다. 그래서 고객의 마음을 공감하는 능력이 필요합니다.

'이 세트를 4인 가족이 1주일 만에 다 먹을 수 있을까?' 하고 상상력을 최대한 발휘해야 합니다. 저는 다행히도 오랫동안 혼자 살았고 요리를 좋아하기 때문에 살림하는 사람의 마음을 어느 정도 상상할 수 있습니다. 또, 재배 기술을 설명하면서 잠시 언급했다시피 일본인은 먹을거리에 대해 보수적입니다. 그래서 특이한 채소보다 기본적인 채소를 선호하고, 시판되는 상품과 후우라이의 상품을 비교하여 차이를 금세 알아챕니다.

어떤 채소를 얼마나 포함해서 세트를 구성할지는 가까운 슈퍼의 상품 구성을 참고하면 많은 도움이 됩니다. 일본의 슈퍼에서는 대개 팩이나 비닐로 포장된 채소를 판매합니다. 그 한 봉지에 들어가는 채소의 양은 오랜 시간에 걸쳐 지금의 양으로 정착되었을 것입니다. 그래서 슈퍼에서 주로 팔리는 패키지와 비슷한 양으로 세트를 구성하는 것이 최종 소비자를 만족시키는 지름길이라고 판단했습니다.

## 반복 구매를 늘리려면

후우라이에서는 상품의 가격을 정할 때 원가와 이익률보다 '고객이 이 가격에 한 번 더 구매할까?'라는 점을 더욱 중시합니다. 이런 사고방식은 바텐더 시절 스승의 가르침에 바탕을 두고 있습니다.

스승은 '서비스직은 고객을 위해서가 아니라 고객이 또 오게 만들기 위해서 일해야 한다'라고 가르쳤습니다. 뜨내기 고객을 겨냥한다면 단순히 가격을 싸게 매기고 양을 늘리면 됩니다. 하지만 그런 상품만 많다면 고객이 특별히 후우라이를 찾아올 이유가 없습니다.

그보다 한 번 구매한 고객이 '이 가격에 이 품질이면 만족스럽다'라고 생각할 만한 상품을 만들어야 합니다. 그러므로 가격을 지나치게 낮출 필요도 없습니다.

처음에는 약간 비싸다는 반응이 나오더라도 반복 구매가 꾸준히 이루어진다면 그 상품을 그 가격에 자신 있게 내놓아도 됩니다.

후우라이의 겨울철 상품인 전골 세트도 그런 이유로 사랑받고 있습니다. 지금은 '후우라이 특제 김치 전골 세트'와 '후우라이 특제 돼지고기 샤브 전골 세트'가 판매되고 있습니다.

우리가 만든 김치를 더 적극적으로 활용할 방법을 생각하다가 이웃에 훌륭한 양돈 농가, 지역에서 생산된 대두를 쓰는 손두부 가게, 참나무 원목으로 표고를 키우는 버섯 농가가 있다는 사실을 떠올리고 기획한 세트들이었습니다. 그런데 실제로 판매해 보니 반응이 기대 이상이었습니다. 어떤 고객은 전골 세트를 선물용으로 대량 주문했고, 어떤 카탈로그 회사는 골프 대회의 경품으로 구입하여 전국에 뿌리기도 했습니다. 이제 전골 세트는 후우라이에서 빼놓을 수 없는 겨울철 대표 상품(하루에 많을 때는 50세트까지 팔려 15만 엔 이상의 매출 발생)이 되었습니다. 이는 콘셉트가 분명한 상품이어서 좋은 결과가 나왔다고 생각합니다.

이처럼 직접 키운 채소와 가공식품에만 머무르지 않고 지역 농가들과 제휴하여 만든 세트까지 판매하면 사업의 가능성을 크게 확대할 수 있습니다.

후우라이에서는 지금도 틈날 때마다 고기구이 세트, 냉샤부 세트, 카레 세트 등 새로운 세트를 꾸준히 기획하고 있습니다. 좋은 반응을 보이는 것도 있고 그렇지 않은 것도 있지만, 실패해도 타격이 거의 없으므로 부담 없이 다양한 세트를 선보일 수 있습니다.

## 배달을
## 최소한으로 줄인 이유

사업 초기에는 아침 시장, 축제 등의 행사에 무조건 참여했습니다. 또 고객이 있는 곳이라면 어디든 상품을 납품하여 위탁 판매(팔린 만큼 대금을 받는 방식)를 했고, 가까운 곳(편도 30분 거리)에서 주문이 들어오면 자가용으로 직접 배송해서 운송료를 아꼈습니다. 주문이 많을 때는 매주 월, 수, 금요일 오전 시간을 통째로 배달에 할애했습니다.

그런데 언젠가부터 그런 일상에 너무 익숙해졌는지, 한 달 사이에 일단 정지 위반, 과속 등으로 세 번이나 교통 위반을 하고 말았습니다. 물론 제가 도로교통법을 지키지 않은 탓이었지만, 벌금과 벌점은 뼈아팠고 배달에는 사고의 위험이 항상 따라다닌다는 사실도 새삼 깨달았습니다. 게다가 당연한 이야기지만 배달할 때는 밭일도 할 수 없고 절임도 만들 수 없었습니다. 무언가 구상하기에는 효과적인 시간일지 몰라도 생산성 측면에서는 무척 아까운 시간이라는 생각이 들었습니다.

그 후로 배달을 점점 줄여나갔습니다. 대신 택배 서비스를 적극적으로 이용하게 되었습니다. 비용은 다소 늘어났지만 배달에 따르는 다양한 위험을 생각하면 그것이 오히려 비용을 아끼는 길이었습니다. 게다가 시간적인 여유도 생겼습니다. 그 시간을 수확, 발송 작업에 할애했더니 매출까지 올랐습니다. 지금 생각하면 '그때 그 배달을 용케 다 소화했구나.' 싶습니다.

현재는 아내가 일주일에 한 번씩 편도 20분 거리의 배달만 하고 있습니다. '노동력 1.5명'인 후우라이 같은 업체에서는 생산 시간을 어떻게 확보하느냐가 매우 중요합니다. 집에 있으면서도 택배를 이용하여 직판을 할 수 있는 시대라서 생산에 충분한 시간을 할애할 수 있게 되었습니다.

## 인터넷을 120% 활용하는 후우라이의 방식

예전에는 직판의 방식이 ① 점포 판매 방식, ② 아침 시장, 축제 등 행사장 판매 방식, ③ 전화 주문을 받고 각 가정, 점포로 배달하는 방식으로 나뉘었지만, 지금은 거기에 '인터넷 판매 방식'이 추가되었습니다.

농업과 인터넷이 너무나도 잘 맞아서 아직도 인터넷을 전혀 활용하지 않는 농가가 있다는 사실이 오히려 이상할 정도입니다. 단, 인터넷 판매는 직판장 판매와는 달리 매출이 궤도에 오르기까지 시간이 걸립니다. 또 모든 과정을 직접 관리해야 하므로 번거롭게 느껴질지도 모르겠습니다. 그렇지만 이제 모든 농가가 인터넷을 활용해야 한다고 생각합니다. 인터넷을 활용하면 전국 지방 소도시의 작은 동네에도 상품을 판매할 수 있습니다.

물론 누구나 전국 판매를 할 수 있다는 말은 뒤집어 보면 전국에 경쟁자가 생긴다는 뜻이기도 합니다. 하지만 소규모 농가는 크게 걱정할 필요가 없습니다.

요즘은 PC를 사고 싶다면 누구나 가격 비교 사이트에서 검색해서 가장 저렴한 상품을 구매하겠지요. 당연하지만 같은 상품이라면 한 푼이라도 싸게 사는 것이 이득입니다. 하지만 농산물은 다릅니다. 같은 토마토라 해도 A씨의 토마토와 B씨의 토마토는 전혀 다릅니다. A씨와 B씨가 재배 방식, 맛, 안전성 중 무엇에 중점을 두고 토마토를 키웠느냐에 따라 전혀 다른 상품이 되는 것입니다.

식품의 경우, 생산하는 사람의 판매 전략이 각각 다를 뿐만 아니라 구매하는 사람의 취향도 제각각입니다. 그러므로 '소규모의 이익'을 발휘하여 자신만의 개성을 충분히 발휘할 수 있는 소규모 농가가 절대적으로 유리합니다.

그러면 인터넷 활용을 어디서부터 시작해야 할까요?

후우라이는 2000년에 인터넷 상점을 만들었습니다. '홈페이지 빌더'라는 소프트웨어*로 직접 만들었는데, 그것이 지금까지 유지되고 있습니다.

IT 환경은 블로그와 SNS, 스마트 폰이 등장한 후로 완전히 달라졌습니다. 스마트폰 출하 대수가 PC 출하 대수를 뛰어넘어 사람들이 스마트폰으로 인터넷을 더 많이 접하게 된 지도 오래입니다. 그래서 고객들이 주로 보는 화면의 형태 역시 크게 달라졌습니다.

그래도 후우라이는 최첨단 기술을 도입하려고 애쓰지 않습니다. 그저 첨단 기술의 꼬리만 붙잡으면 된다고 생각합니다. 격변의 시대인 만큼 지금 최첨단을 달리는 기술도 반년만 지나면 쓸모가 없어지거나 거의 무료로 사용할 수 있게 될지 모르기 때문입니다. 중요한 것은 '어떤 기술(소프트웨어)을 쓰느냐'가 아니라 '정보를 어떻게 발

---

* 현재는 워드 프레스, 윅스 등 홈페이지 제작 툴을 사용하면 누구나 쉽게 홈페이지를 만들 수 있다.(역주)

신하느냐'입니다.

후우라이는 인터넷을 판매 도구 겸 정보 발신 도구로 요긴하게 활용하고 있습니다. 요즘은 후우라이 외에도 인터넷으로 정보를 발신하는 일에 특화된 농가가 늘고 있습니다.

이웃 마을에 정년퇴직하고 귀농한 분이 있습니다. 그분은 무려 65세라는 나이에 'JIMDO(홈페이지 제작 프로그램)'를 활용하여 홈페이지를 만들었습니다. 판매 기능은 없지만, 그 홈페이지에는 매일 '오늘은 이런 채소를 수확했습니다.', '이 채소는 이런 점에서 다릅니다.'라는 정보가 올라옵니다. 그런 식으로 상품의 현황과 장점을 알리다 보니 지역 내 이탈리안 레스토랑의 요리사들이 그의 밭을 자주 찾아옵니다. 그는 점점 요리사들이 주문한 채소를 키우게 되었습니다.

그러다 보니 채소가 부족해져서 대형 직판장 납품을 중단할 정도입니다. 연령에 관계없이 누구나 인터넷으로 정보를 발신하는 시대임을 절감하게 됩니다(실제로 농업 분야에서는 연배가 좀 있는 편이 신뢰 구축에 유리합니다).

화상과 영상이 중시되는 지금의 인터넷 세상에서 신용을 얻으려면 어떻게 해야 할까요?

저는 매일 블로그 일기를 쓰고 있습니다. 지금까지 15년 이상 매일 일기를 쓰면서 그 자체로 신용이 쌓였습니다. 이것은 아무도 흉내 낼 수 없는 '나만의 노하우'입니다. 또 목적에 알맞은 태도를 취하려고 노력합니다. 홈페이지에서는 정장을 입은 듯한 태도로, 페이스북 등 SNS에서는 평상복을 입은 듯한 태도로, 블로그에 일기를 쓸 때는 둘의 중간에 해당하는 태도로 임하는 것입니다.

## 접속 수보다 구매 수가 중요하다

성공적인 인터넷 판매를 위해서는 자신의 업체가 검색 화면 상단에 표시되게 만드는 SEO* 대책이 꼭 필요하다고 말하는 사람이 많습니다. 검색 사이트에서 '무농약 채소'를 검색했을 때 우리 농장이 20위 이내에 들어 첫 페이지에 표시되어 많은 사람이 홈페이지에 방문하도록 말이죠. 물론 그런 기술도 필요합니다.

그러나 후우라이는 판매량이 정해져 있기도 해서 무작정 접속 수를 늘리기보다는 구매 수를 늘리는 것을 중요하게 생각합니다. 그래서 효과가 불분명한 SEO 활동을 하기보다 고객이 '후우라이'로 검색하게 만드는 일에 힘을 쏟고 있습니다. 그래서 제가 매일 블로그와 페이스북으로 정보를 제공하는 것입니다(절반 이상은 재미로 하고 있지만).

그랬더니 별다른 SEO 활동을 하지 않았는데도 '무농약 채소'로 검색했을 때 '후우라이'가 꾸준히 20위 이내에 들게 되었습니다. 그렇게 '후우라이'를 검색해서 들어온 방문자는 상품을 구매하는 비율도 높았습니다.

---

* Search engine optimization. 검색 엔진 최적화.(역주)

후우라이의 방문자 중에는 회사 동료나 친구에게 입소문을 듣고 찾아온 사람이 많습니다.

아무리 기술이 발전해도 입소문만큼 강력한 홍보 수단은 없을 것입니다. 그래서 후우라이는 한 번 구매한 고객의 '반복 구매'를 유도하여 그들을 단골로 만드는 일에 심혈을 기울이고 있습니다.

인터넷 매출을 늘리기 위해 화려한 배너 등을 내걸어 과대광고를 하는 업체가 많지만, 후우라이는 정반대입니다. '홈페이지는 소박하지만 집으로 도착한 상품은 감동적이다'라는 평가를 받고 싶습니다.

인터넷이 농업에 특히 큰 도움이 되는 것은 '생산 과정을 보여 줄 수 있기' 때문입니다. 어떤 씨를 뿌려서 어떻게 키우는지, 수확과 가공은 어떤 순서로 하고 있는지를 고객에게 모두 보여 줄 수 있습니다.

한 고객은 '며칠 전에 받은 김치는 3월 1일에 씨를 뿌렸다고 블로그 일기에 언급됐던 그 배추로 만든 거였네요. 배추가 자라는 모습을 상상하며 먹으니 더 맛있어요.'라는 감상을 보내 주기도 했습니다. 그 고객도 단골 고객이 되었습니다.

## 상품을 발송할 때는 밭의 분위기까지 전달한다

오른쪽의 표는 어느 날의 주문을 정리한 것입니다. 이 리스트를 전날에 인쇄하여 아내와 공유합니다.

2016년 5월 17일 수주 품목, 판매 가격과 판매 수량

| | 품목 | 판매 가격 (엔) | 판매 수량 (개) | A님 | B님 | C님 | D님, E님 | 소비자 클럽 | 점포 픽업 | 채소 정기 배송 |
|---|---|---|---|---|---|---|---|---|---|---|
| 1 | 배추김치 | 324 | 11 | | | | 1,620 | 1,944 | | |
| 2 | 무김치 | 324 | 5 | | | | 648 | 972 | | |
| 3 | 돈육 김치 세트 | 1080 | 1 | | | | 1,080 | | | |
| 4 | 가쓰오 무 | 270 | 4 | | | | | 1,080 | | |
| 5 | 유자 무 | 324 | 5 | | | | | 1,620 | | |
| 6 | 매실 가쓰오 무 | 270 | 0 | | | | | | | |
| 7 | 무 겉절이 | 324 | 3 | | | | | 972 | | |
| 8 | 제철 채소 쌀겨 절임 | 378 | 4 | | | | | 1,512 | | |
| 9 | 누룩 절임 | 368 | 1 | 368 | | | | | | |
| 10 | 검정 오이 술지게미 절임 | 432 | 0 | | | | 432 | | | |
| 11 | 매콤짭짤 오징어 | 432 | 1 | 864 | 864 | | | | | |
| 12 | 쌀겨 절임 세트 | 864 | 2 | | | 432 | 3,704 | | | |
| 13 | 백미 3되 | 432 | 1 | 324 | | | | | | |
| 14 | 현미 5 kg | 3,704 | 1 | | | | | | | |
| 15 | 유자 폰즈 간장 | 324 | 1 | | | | 648 | | | |
| 16 | 고기구이 양념 | 324 | 0 | | | | 1,296 | | | |
| 17 | 노토(能登) 소금 | 300 | 0 | 1,512 | | | | | | |
| 18 | 찰떡 | 648 | 1 | 582 | | | | | | 388 |
| 19 | 쌀가루 시폰케이크 | 1,296 | 1 | 3,780 | | | | | | |
| 20 | 과일 머핀 | 1,512 | 1 | | | | | | | |
| 21 | 쑥경단 | 194 | 5 | 2,160 | | 2,160 | | | | 2,160 |
| 22 | 김치전골세트 | 3,780 | 1 | | 2,700 | | | 2,700 | | |
| 23 | 돈육 샤부 전골 세트 | 3,780 | 0 | | | | | | | 3,240 |
| 24 | 채소 세트 A | 2,160 | 3 | | | | | | | 3,780 |
| 25 | 채소 세트 B | 2,700 | 2 | | | | | | | |
| 26 | 채소 세트 C | 3,240 | 1 | | | | | | | |
| 27 | 채소 세트 S | 3,780 | 1 | | | | | | | |
| 계 | | | 56 | 9,590 | 3,564 | 2,592 | 9,428 | 8,100 | 2,700 | 9,568 |

합계금액(엔) 45,542

여기에는 채소 세트와 절임, 과자 등 당일에 준비해야 하는 것만 표시되어 있습니다. 매입하여 판매하는 상품(무첨가 간장과 식초, 마요네즈 등)은 상자에 넣기만 하면 되니 생략합니다.

5월에는 아직 다양한 채소가 나오지 않아서 채소를 정기적으로 배송받는 분을 제외하고는 'A세트'(세금 제외 2,000엔), 'B세트'(세금 제외 2,500엔)만 주문이 가능하도록 했습니다(5월에는 하루에 7세트로 주문량 제한). 상품을 직접 가지러 오는 고객이나 택배를 이용하는 소비자 클럽에는 감사함을 생각하여 절임을 도매가로 판매합니다. 이 날은 소비자 클럽에게 보낼 것도 있어서 물량이 많았습니다. 역할을 분담하여 효율적으로 일하더라도 오전 중에 발송 준비를 마치려면 이 정도 물량이 한계입니다(채소 세트를 이만큼 만드는 데 한 시간 반쯤 걸림).

발송할 때는 밭의 분위기까지 전달하기 위해 노력합니다. 그래서 제철 채소 안내(B5 사이즈 팸플릿)와 함께 각 채소에 대한 간단한 설명서를 첨부합니다. 환절기에는 밭 MAP(지도)도 추가합니다. 예전에는 밭 MAP도 제철 채소 안내처럼 PC 문서에 사진을 넣어 만들었지만, 요즘은 아내가 직접 그리고 있습니다(컬러화보 6~7쪽).

또 봄부터 가을 사이에는 밭 가장자리에 무더기로 자라는 허브를 덤으로 넣기도 합니다. 고객이 상자를 여는 순간 밭 냄새가 확 풍기는 것을 느끼며 후우라이의 분위기를 전하려고 합니다.

## 지혜 교실 농산물은 유한하지만 지혜는 무한하다

요즘 농업이 재평가받는 것은 진정한 의미의 생활력, 지혜가 필요한 시대이기 때문이 아닐까 싶습니다.

저는 지금의 어르신과 앞으로 나이가 드는 세대는 전혀 다르리라고 생각합니다. 지금의 어르신들은 절임을 '만드는 것'으로 생각하지만 미래의 세대는 절임을 '사 먹는 것'으로 생각할 테니까요.

지식과 지혜는 별개입니다. 지식은 시대에 따라 바뀌기도 하고 사라지기도 하지만 지혜는 경험을 통해 몸에 한 번 배면 사라지지 않습니다. 그런데 이제는 그런 지혜가 자녀와 손자, 손녀 세대에 계승되지 않는 시대입니다. 그런 위기감 탓인지 지혜를 배우고 싶다는 사람이 늘고 있습니다.

실제로 후우라이는 매해 1월과 2월에 각각 두 번씩 총 4번 '된장 교실'을 개최하는데, 매번 대성황입니다. 정원은 20명인데 해마다 모집 공고를 띄운 지 하루 이틀 내로 신청이 마감됩니다. 게다가 두 번 이상 참여하는 사람들은 된장을 전년보다 2배쯤 많이 사 갑니다.

밭에서 수확하는 농산물은 유한하지만 지혜는 무한하여 줄어들거나 사라지지 않습니다. 지혜를 제공하는 서비스는 농가에게 강력한 무기가 될 것입니다.

참고로 앞서 언급한 된장 교실은 한 번 열 때마다 회비를 7~8만 엔쯤 벌어서 동절기의 후우라이에 고마운 수입원이 되어 주고 있습니다.

## 여성의 인생 이모작 시대

후우라이에서는 다양한 '지혜 교실'을 개최하는데, 참여자 중 여성의 비율이 70% 이상입니다. 특히 30~40대 여성의 의식이 무척 높다는 사실에 놀랐습니다. 그들 중 대다수가 어린아이를 키우며 식생활에 적극적으로 신경을 쓰고 있습니다. 바야흐로 '여성의 인생 이모작 시대'가 온 것 같습니다.

결혼, 출산을 맞아 육아 휴직에 들어가거나 퇴직했다가 직장으로 다시 돌아가는 여성도 많지만, 제 주변에는 과거의 경력이 끊겨서 파트타임으로 전환하는 여성이 적지 않았습니다. 그런 여성들도 이제는 SNS, 페이스북 등을 통해 쉽게 자신만의 지혜 교실을 열 수 있게 되었습니다.

과거의 커리어와 취미를 살려 집에서 충분히 돈을 벌 수 있게 된 것입니다. 실제로 후우라이의 지혜 교실을 경험한 뒤 스스로 교실을 여는 여성이 많습니다.

네일아트, 요가, 생식(生食)을 가르치기도 하고 외부 강사를 초빙해 중화요리 교실을 열기도 합니다. 분야는 다양해도 육아라는 공통분모를 통해 여성들끼리 강한 공감 능력을 발휘하는 것을 보면 저절로 감탄하게 됩니다.

교실은 교실 자체로서도 가치가 있지만 연결의 장, 즉 제3의 장소로서의 역할도 큰 듯합니다. 지금도 직장을 다니면서 이른 아침에 다른 활동을 하는 사람이 많을 것입니다.

'아침을 지배하는 자가 비즈니스를 제압한다'라는 광고 문구도 있듯이, 앞으로는 회사 일에 도움이 되는 '지식 교실'은 물론이고 정년퇴직 후의 사회생활에 도움이 될 '지혜 교실'에도 관심이 쏠릴 것입니다. 무엇보다 '지혜 교실' 사업은 여성에게 특히 더 큰 도움이 될 듯합니다.

## 인기 폭발
## 이벤트 '농친'

2014년부터 1년에 한 번씩 후우라이의 주최로 '농친' 이벤트가 열립니다. '농친'이란 '농가와 '친목회'를 합친 말로, 남녀를 가리지 않고 농업과 식품에 관심이 있는 사람들과 농가를 이어 주는 만남의 장입니다.

페이스북에 이벤트를 고지할 때마다 하루 만에 정원 30명이 다 차고 대기자가 줄을 설 정도로 인기가 많아서 개최할 때마다 매번 놀라게 됩니다(농가 측 인원 10명까지 합쳐 총 40명). 왜 그런지 생각해 보았더니, 요즘 식품 안전에 대한 관심이 높아져서 농가와 직접 소통하려는 사람이 늘어났기 때문이 아닐까 싶습니다. 실제로 이때 새로 알게 된 농가의 밭을 견학하는 사람이 많습니다. 말 그대로 '농친'이 새로운 인연의 장이 되어 주고 있는 것입니다.

행사장에 출점할 때나 직판 이벤트가 열릴 때도 농부가 직접 상품을 판매하기는 하지만, 그때는 진열된 상품을 파느라 정신이 없어서 손님과 천천히 이야기할 여유가 없습니다. 그러나 '농친'에서는 상대의 인품을 알 수 있습니다. 즉시 매출을 발생시키는 즉효성은 없을지 몰라도, 서로에게 신뢰가 쌓이면 오랫동안 관계를 유지할 수 있다는 점에서 장기적인 효과가 더 기대되는 이벤트입니다.

## '지혜 교실(베지베지 클럽)'의 설립

예전에 농가들이 함께 모여 농업에 대한 이해를 돕기 위해 '마메마메• 클럽'을 모집한 적이 있습니다. 대두를 키워 된장을 담그는 모임이었는데, 이것이 지금의 '지혜 교실'의 전신입니다.

처음엔 회원 모집을 위한 홍보 활동은 쉽지 않았습니다. 일단 모집 요강을 정리하여 포스터를 만든 다음 친환경 식품점 등에 붙였습니다. 신청은 전화로 받았고 변동 사항이 있을 때는 일일이 전화로 연락했습니다. 모집이 끝나면 포스터를 회수한 뒤 메일링 리스트를 작성하여 메일 서비스를 시작했습니다. 하지만 이제는 페이스북 등 SNS를 통해 이 모든 일을 단숨에 쉽게 처리하고 있습니다.

---

• 콩, 대두의 뜻.(역주)

'지혜 교실'을 지금처럼 부담 없이 개최하게 된 것은 페이스북 덕분입니다. 후우라이의 페이스북 페이지 안에 '베지베지 클럽'의 그룹 페이지를 만들고 이웃(자동차로 편도 1시간 이내)분들을 친구로 초대했더니 모두가 회원으로 가입해 주었습니다(이제는 페이스북 친구가 되기 전부터 '베지베지 클럽'에 참여하고 싶다고 요청하는 사람도 있습니다). 그 그룹 페이지에 이벤트를 등록하면 모든 회원에게 자동으로 초대 메일이 전송됩니다.

베지베지 클럽의 지혜 교실은 관심이 있고 시간이 허락하는 사람만 참여하는 편안한 이벤트 형식으로 해마다 개최되고 있습니다.

이벤트를 열 때는 아래 사항을 명확히 고지합니다.

- 일시 : 몇 시부터 몇 시까지
- 장소 : 주소, 전화번호, 내비게이션 검색용 주소
- 준비물 : 앞치마, 음식을 가져가기 위한 식품 보존 용기 등
- 회비 : 모든 비용 명기, 어린이 요금도 기재
- 내용 : 수업 내용, 사용하는 소재
- 기타 : 어린이 참여 가능 여부 등 예상 질문에 대한 응답

이벤트는 대개 후우라이 매장에서 열리지만, 참여 인원이 많을 때는 다른 장소를 빌리기도 합니다. 그럴 때는 비용이 저렴한 데다 전골냄비와 접시 등이 갖춰진 마을 회관을 주로 이용합니다.

또, 가능할 경우 이벤트가 끝난 후에 각자 싸 온 음식을 함께

나눠 먹는 조촐한 식사 모임도 개최하고 있습니다. 참여는 자유지만 장소의 사용료는 별도로 지불합니다. 지참할 음식은 언제나 수업 내용과 관련 있는 것으로 지정됩니다. 예를 들어 된장 만들기 교실이 끝난 후에는 발효 식품을, 햅쌀 조리법 교실이 끝난 후에는 밥을 나눠 먹는 식입니다.

무미건조하게 자기소개만 하기보다 지참한 음식과 함께 자신을 소개하여 대화 분위기가 무르익게 합니다. 또, 저는 참여자들에게 항상 '처음 오신 분은 손님, 두 번째 오신 분부터는 주최 측이라고 생각하여 주세요.'라고 농담처럼 이야기합니다. 실제로 두 번 이상 참여한 사람들에게는 접시와 컵, 조리 도구 위치를 가르쳐 주고 정리를 시키기도 합니다.

이런 모임에서는 주최자가 모든 일을 다 처리하기보다 참여자에게도 스스로 할 만한 일을 맡겨야 참여 의식을 높일 수 있습니다.

페이스북 덕분에 이벤트 개최 과정이 무척 간편해졌지만, 그만큼 변경이나 취소도 쉬워졌습니다. 취소를 미리 통보해 주지 않고 아무 말 없이 의사를 '참여'에서 '불참'으로 바꾸는 사람이 있습니다. 일찍 변경하면 그나마 나을 텐데 많은 희망자를 제치고 차지한 자리임에도 직전에 말없이 취소해 버리면 실망감을 느끼게 됩니다. 처음에는 언짢았지만, 이제는 '편리함을 누리는 대가려니'라고 생각합니다. 요즘은 어느 정도 취소가 발생할 것을 감안하여 처음부터 아예 넉넉한 인원을 모집합니다.

다만, 재료비가 별도로 드는 경우가 있으므로 개최일 이틀 전에는 그룹 페이지에 공지 글을 올려 참여 여부를 확정하도록 하고, 애초에 '하루 전에 취소하면 위약금이 발생한다'라고 알리고 있습니다.

## 부담 없이 시작하는 것이 포인트

'배우기보다 스스로 익혀라'라는 속담이 있듯이, 지혜 교실도 몇 번 개최하다 보니 차차 순서와 요령, 적정한 회비 수준을 알게 되었습니다.

후우라이 지혜 교실의 기본 회비는 1,500엔입니다. 여기에는 장소 사용료, 강사료가 포함되어 있으며, 재료비는 별도로 청구됩니다. 제가 이렇게 지혜 교실을 활발하게 운영할 수 있는 것은 '마메마메 클럽' 때부터 동료들과 함께 교실을 운영하며 방법을 터득했기 때문입니다.

처음에는 교실 개최에 관심이 있는 사람을 5~6명 정도 모아 서로 도와가며 부담 없이 시작하는 것이 좋습니다. 그러면 그들 대부분이 당신의 든든한 후원자가 되어 줄 것입니다. 그 후원자들이 모임에서의 왁자지껄한 느낌을 SNS로 퍼뜨리고 공유하면서 교실의 존재를 세상에 널리 알려줍니다(컬러화보 5쪽).

후우라이는 '지혜 교실'을 열고부터 인터넷 주문이 늘고 매출이 향상되었습니다. 지금 같은 시대에는 이러한 발상이 중요합니다.

# 4장

## '작은 농업'의 첫걸음 : 비즈니스 모델 설계, 농기구 및 자금 조달, 직판 콘셉트 개발

지금부터는 귀농을 어떻게 시작해야 할지 이야기 해보겠습니다.

요즘은 대형 직판장도 늘었고 인터넷 판매 환경도 발전되어 이전보다 수월하게 사업을 시작할 수 있지만 그래도 회사를 그만두고 귀농하려면 상당한 용기가 필요합니다. 저도 그랬습니다.

새로운 일에는 위험이 따르기 마련입니다. 그러니 크게 실패하지 않으려면 위험을 잘 분산해야 합니다. 그래서 제가 위험을 최소화할 수 있는 '작은 농업'을 추천하는 것입니다. 여기에서는 초창기에 알아 두면 시행착오를 대폭 줄일 수 있는 귀중한 노하우와 농부로서의 바람직한 자세를 소개하겠습니다.

최초 준비 작업에서부터 귀농 후의 고민까지, 다양한 이야기를 들려드리겠습니다. 또, 최근 몇 년간 세상이 크게 바뀌었으므로 지금 시점에 귀농하려는 사람에게는 무엇이 필요한지도 살펴보겠습니다.

아이디어의 유통 기한은 짧습니다. 떠올릴 당시에는 최고의 아이디어였다 해도 시간이 지날수록 그 빛이 바래기 마련입니다. 그래서 '이번에도 실패하는 게 아닐까?' 하는 불안이 커져 결국은 행동하지 못하게 됩니다. 그러므로 새로운 일을 시작하여 성공하려면 즉시 행동해야 합니다. 작은 일이라도 좋으니 할 수 있는 일부터 실천하는 것이 성공의 지름길입니다.

일본어의 '배우다'라는 말은 '흉내 내다'라는 말에서 나왔습니다•. 여러분도 무언가 좋다고 느꼈다면 곧바로 흉내 내 보기 바랍니다.

이번 장의 내용은 전부 제 체험에 바탕을 두고 있으니 여러분에게도 실질적인 도움이 될 것입니다. 이번 장을 읽고 책 첫머리에서 제가 했던 말, '농업은 가장 행복하게 돈을 버는 일이다'에 공감하게 된다면 저자로서 무척 기쁘겠습니다.

---

• '흉내'는 'マネ(마네)', '배우다'는 学ぶ(마나부).(역주)

## 도입 단계

### 자신이 원하는 것을 철저히 구체화한다

먼저 귀농을 준비하는 '도입 단계'부터 설명하겠습니다.

장래 희망을 확실하게 기획하지 않으면, 회사를 박차고 나와 동경하던 농사꾼이 되더라도 단순히 일에 쫓겨 다니느라 세월만 보내기 쉽습니다. 주변에는 '정신을 차리고 보니 유통 대기업의 하청업체가 되어 있었다'라고 고백하는 사람도 많습니다.

지금까지 수많은 귀농 희망자와 상담을 했는데, 그중에서는 '부부 모두가 귀농에 적극적인 경우' 성공률이 가장 높았습니다. 그다음이 '아내가 적극적인 경우'였습니다.

남편 혼자 적극적인 경우는 성공률이 낮았습니다. 간혹 아내에게는 비밀로 해달라거나, 아내를 대신 설득해달라고 부탁하는 사람도 있었는데, 그렇게 시작하면 아무래도 어려움을 많이 겪게 됩니다. 혼자 시작하는 경우에도 남성보다 여성의 성공률이 높았습니다.

과연 그들의 결정적인 차이는 무엇일까요? 남성들은 앞뒤 가리지 않고 회사를 그만두는 데 비해, 여성은 대부분 '지금처럼 회사를 다니면서 주말에만 농사를 배워 사업을 준비하고 싶다'라는 식으로 현실적인 사고를 하는 경우가 많습니다.

## 가구별 연소득
## '350만 엔'을 확보한다

앞에서 말한 '현실적인 사고'란 역시 돈에 관한 것입니다. '지방에서는 한 해에 200만 엔만 있어도 풍족하게 살 수 있다'라고 말하는 사람이 꽤 있습니다. 혼자 또는 부부가 빈집을 싸게 빌리거나 자급자족하고 산다면 불가능한 일은 아니지만, 아이가 있으면 이야기가 달라집니다. 게다가 농촌 생활을 꿈꾸었던 사람은 어른들이지 아이들이 아닙니다. 자녀에게 다양한 선택지를 줄 수 있어야 합니다.

부부와 아이 둘로 이루어진 4인 가족의 경우, 가구별 연소득이 최소한 350만 엔은 되어야 합니다. 아이가 성장함에 따라 필요한 자금 규모도 달라집니다. 그러므로 자신의 꿈만 좇을 것이 아니라 아이를 제대로 키우기 위해 사업을 어떤 방향으로 운영할지 현실적으로 생각할 필요가 있습니다. 필요한 연소득 금액에서 역산하여 현실적인 사업 계획을 세웁시다. 사업을 할 땐 언제나 숫자로 생각하는 습관을 들여야 합니다.

사실은 저도 처음에는 그렇게까지 상세한 계획을 세우지 못했습니다. 하지만 1999년 4월에 개업하고 5개월 후인 9월에 결혼하게 되었으므로 무작정 잘 될 거라는 무책임한 태도를 버려야 했습니다. 그래서 최소한의 생활을 유지하려면 얼마를 벌어야 하는지 계산해 보았습니다. 그러자 아파트 임대료까지 포함해서 두 식구라면 월 25만 엔, 아이가 생긴다면 월 30만 엔의 소득(이익)이 필요하다는 결론이 나왔습니다.

참고로 개업 첫해에 후우라이의 매출은 연 약 140만 엔이었습니다. 아침 시장에서 장사하거나 농가들이 절임을 사 주거나 해서 번 돈이었습니다. 심지어 경비를 뺀 순소득(이익)은 약 60만 엔밖에 되지 않았습니다(초기 투자비는 제외).

처음에는 직장생활도 병행 한다는 마음가짐으로 출발하였으므로 농업에만 매달려 있을 필요가 없다고 생각했고, 연수생 시절의 인연으로 아르바이트 직장을 구할 수 있었습니다.

첫해에는 아르바이트에 할애한 시간이 오히려 더 많았을지도 모릅니다. 아내도 아이가 태어나기 전까지 간호사로 일하며 생계를 함께 책임졌습니다. 그때는 제가 시간이 많아서 식사 차리기와 세탁을 담당했습니다.

여러분도 처음에는 다른 직업이나 부업으로 아르바이트를 병행해도 됩니다. 게다가 농업 종사자의 평균 연령은 65세 이상입니다. 그러니 결코 조급하게 생각할 필요가 없습니다. 천천히 준비하면서 본격적으로 귀농할지 말지 결정하면 됩니다.

어디까지나 목표는 가족과 행복하게 사는 것입니다. 농업은 그 목표를 이루기 위한 수단일 뿐입니다. 그 점을 잊지 맙시다.

## 이제 PC는
## '농기구'다

"이제 PC는 IT 기기가 아니라 농기구야!"

요즘 저는 농업 동료들에게 반쯤 진심으로 그렇게 말하고 다닙니다. 정말로 PC는 저에게 최고로 소중한 농기구입니다. '작은 농업'을 하려면 인터넷을 적극적으로 활용하는 자세가 반드시 필요합니다.

고도의 기술까지는 필요 없습니다. 누구나 구사할 수 있는 기본적인 기술만 있으면 됩니다. 지금은 개인이 PC를 활용하여 저렴한 비용으로, 또는 무료로 경리 데이터를 처리하고 전표를 발행하고 라벨과 포스터를 만들 수 있는 시대입니다. 그러려면 시간이 있을 때 엑셀 등 표 계산 소프트웨어와 워드 등 워드프로세서의 기본적인 사용법을 익혀 두어야 합니다. 판매, 경리, 상품 관리를 하는 데에는 표 계산 소프트웨어가 필요하고 팸플릿, 상품 라벨, POP(광고 거치대)를 만드는 데에는 워드프로세서 프로그램이 필요합니다.

PC 사용 능력을 최대한 향상해 두는 것은 매우 중요한 일입니다. 귀농을 위해 나중에 꼭 도움이 될 일이니 즉시 배우시기 바랍니다.

## IT 문외한이라도 괜찮다!
## 홈페이지 쉽게 만들기

연습삼아 '초기 준비 기간'에 홈페이지를 만들어 두면 실제로 개업한 후에도 홈페이지를 쉽고 빠르게 만들 수 있습니다.

좋아하는 디자인이나 판매하고 싶은 아이템을 미리 구상하는 것도 자신이 '작은 농업'을 통해 정말로 하고 싶은 일을 구체화하는 데 큰 도움이 됩니다. 연습하는 셈 치고 재미있게 만들어 보세요.

예전에는 홈페이지를 만들려면 고가의 소프트웨어가 필요한 데다 HTML, CSS 등 프로그램 언어를 배워야 했습니다. 그러나 이제 저렴한 비용으로 누구나 간단하게 홈페이지와 인터넷 상점을 만들 수 있습니다. 홈페이지 제작 업체는 인터넷에 찾아보면 많이 있습니다.

개업하여 본격적으로 상품을 판매하고 싶다면 유료 서비스(월정액 약 1,000엔)를 이용해야겠지만(무료 버전의 경우 광고가 표시되고 판매 품목 수도 제한됨) 개업 전 준비 기간에 연습용으로 개설하는 것이라면 금전적 부담이 없는 무료 버전으로 일단 연습해 보고 개업 이후 유료로 전환하는 것이 좋습니다.*

---

* 우리나라는 오픈마켓이나 쇼핑몰 개설을 통한 판매가 가능하다.(역주)

## 블로그가
## 필요한 이유

귀농 준비에 무엇보다 효과적인 수단이 블로그(일기)입니다.

블로그를 이용하면 비용이 전혀 들지 않습니다. 만약 자신을 드러내기가 망설여진다면 한동안 글을 '비공개'로 써도 됩니다.

앞서 채소 재배 과정을 공유하면서 신뢰가 쌓인다고 말했는데, 과정 공유에 가장 효과적인 도구가 블로그입니다. 방법은 쉽습니다. 예를 들어 '신규 귀농 실패 일기' 등의 제목을 붙인 다음 '농지를 빌리기가 너무 힘들다'라는 식의 체험담을 날마다 올리면 됩니다. 그러면 귀농 전부터 후원자가 생길지도 모릅니다. 얼핏 사소하다고 생각할 수도 있지만, 이 블로그는 향후 경영에 매우 큰 영향을 미칠 것입니다.

농산물은 수확할 때까지 긴 시간을 기다려야 하고, 수확한 시점부터 가격이 계속 떨어지는 상품이기 때문입니다. 그러므로 판매를 개시하자마자 구매가 일어나는 것이 중요합니다. 그러니 미리 재배 과정을 공개하여 관심과 신뢰도를 높여 둡시다.

그리고 블로그에 글로 생각을 기록하면서 정책이나 향후 계획 등을 정리할 수도 있습니다.

초창기(2000년 4월)에는 블로그 서비스가 없어서 홈페이지에 일기를 썼습니다. 당시에는 이미지 넣기도 어려워서 사진도 전혀 올리지 않았습니다. 심지어 문단 사이에 여백을 넣을 줄도 몰라서 무작정 줄줄 쓰기만 했더니 지금 보면 읽기가 무척 힘듭니다.

제가 일기를 쓰게 된 것은 이웃의 농가 선배가 1997년부터 일기를 써서 홈페이지에 매일 올리는 것을 옆에서 지켜보았기 때문입니다.

처음에는 무엇을 쓸지도 몰랐고 농사일만으로도 머리가 복잡했습니다. 그래서 열 줄쯤 쓰는 데도 30분씩 걸렸습니다. 그래도 홈페이지의 매출을 조금이라도 늘리고 싶어서 열심히 썼습니다. 꾸준히 일기를 쓰는 이웃 선배의 모습이 제게 용기를 주었습니다. 그렇게 어눌한 문장이나마 반년쯤 매일 쓰다 보니 어느샌가 5분 만에 글을 마칠 수 있게 되었습니다. 그리고 2005년 6월부터 블로그 서비스를 이용하여 더 쉽게 글을 쓰게 되었습니다.

홈페이지 개설 후 반년쯤 후부터 홈페이지로의 주문이 조금씩 늘기 시작했는데, 배송 메모에 '일기 잘 보고 있어요. 밭일하시느라 수고가 많으세요.'라고 쓴 고객 덕분에 더욱 힘이 났습니다. 일기 덕분에 홈페이지에 안정감이 생겼고, 평소의 모습을 수시로 공개한 덕분에 고객과의 사이에 친밀감이 싹텄습니다. 매일 글을 쓰다 보면 아무리 감추려 해도 읽는 사람이 제 마음을 알아챕니다. 그래서인지 느낀 대로 쓴 글이 독자의 공감을 가장 많이 얻었습니다. 채소 활용법(예 주키니 볶는 법) 등을 공유했을 때도 '나도 만들어 보고 싶다'라며 좋아하는 고객이 많았습니다.

동업계인 농가에서도 격려 메일이 점점 많이 늘었습니다. 홈페이지에 일기를 공개하는 것은 인품을 드러내는 일입니다. 그로인해 고객의 신뢰도가 높아졌을 뿐만 아니라 동업계 종사자, 관계자(택배사 등)와의 소통도 원활해졌습니다. 시작했다면 무조건 쓰세요. 글솜씨가 없어도 괜찮습니다(오히려 문장이 서투르면 생생한 분위기가 전달됩니다). '지속은 힘이다'라는 말도 있는데, 그야말로 정곡을 찌르는 말입니다.

여러분에게 제 노하우를 아낌없이 공개하는 것은 여러분이 지금 당장 블로그를 시작한다고 해도 저와의 사이에 15년 이상의 차이가 있기 때문입니다. 저 역시 앞서 소개한 하야시 씨를 따라잡을 수 없습니다(하야시 씨가 그만두지 않는 한). 그가 저보다 먼저 시작하여 4년간 쌓아 두었던 신뢰는 앞으로도 그대로일 것입니다. '상대적 차이'인 가격 차보다 이런 '나만의 노하우'를 만들어야 합니다.

하루라도 빨리 시작해야 조금이라도 선배 농부와의 격차를 줄일 수 있습니다.

## 귀농 전에 흙을 접하라

후우라이식 '작은 농업'에 아무리 가공과 직판이 중요하다고 해도 농사가 기본이라는 사실은 변하지 않습니다. 그러므로 귀농 전부터 흙을 만지며 농사를 접해 보는 것이 좋습니다.

가끔 '내가 농부가 되어서 농업계를 변혁하겠어!'라는 기세로 후우라이를 찾아오는 사람이 있는데, 그들 대부분이 '농사를 지어

본 경험이 있습니까?'라고 물으면 '없습니다.'라고 대답하니 참 아이러니한 일입니다.

이상하게도 농업을 동경하면서도 마음 한구석에서는 '농사 정도는 쉽게 할 수 있겠지'라고 생각하는 사람이 많습니다. 농업이라는 말을 들으면 작물이 저절로 자라는 목가적인 풍경이 떠오르기 때문인지도 모르지만, 그런 사람은 농업에 도전했다가 실패할 경우 '농사마저 실패했다'라며 크게 좌절할 수 있습니다. 그러지 않기 위해선 '땅에 발을 딛고 살라'라는 말처럼 실제로 땅에 발을 붙이고 농사를 경험해 보는 것이 무엇보다 중요합니다.

먼저 대여 텃밭 등에서 소소하게 농사를 지어 봅니다. 이것만으로도 마음가짐이 크게 달라질 것입니다. 이상하게 들릴지도 모르지만, 사람과 땅, 채소도 서로 궁합이 맞아야 합니다.

회사를 무작정 때려치우고 '일단 연수를 받다 보면 어떻게든 되겠지.'라는 안일한 생각으로 덤볐다가는 큰코다칠 수 있습니다. 준비 없이 뛰어든 후에야 자신이 농사와 맞지 않음을 깨닫는다고 해도 그때는 이미 돌이키기 어렵습니다.

그런데 텃밭에서 농사의 기본을 배우고 싶어도 그럴 기회조차 없다는 사람이 있을 것입니다. 그런 사람은 앞서 소개한 《도해 텃밭 깜짝 교실》과 《EM으로 생생한 텃밭》으로 예습해 보기 바랍니다.

저도 이 책들을 도서관에서 우연히 발견하여 읽다가 내용이 마음에 들어서 서점에서 다시 구입했습니다. 다양한 채소가 소개되어 있어서 소량 다품종을 지향하는 저에게 큰 도움이 되었습니다. '토마토를 눕혀 심으면 줄기에서도 뿌리가 나와 더 튼튼하게 자란다'처럼 지금까지도 유용하게 쓰이는 정보가 가득합니다.•

그러나 한꺼번에 여러 권을 읽다 보면 나에게 유용한 부분만 적용하려는 의도와 달리 자신에게 편리한 방향으로만 해석하게 되어 실패할 가능성이 높으니 주의하기 바랍니다. 또 '농업' 이외의 가공 기술과 직판 기술도 미리 접하는 것이 좋습니다. 가공과 직판을 신경 쓰느냐 아니냐에 따라 귀농 이후의 성과가 완전히 달라지기 때문입니다.

페이스북 등에서 진행되는 다양한 이벤트에 참여하는 것도 좋은 방법입니다. 이벤트 진행법 등을 미리 익혀 두면 나중에 큰 도움이 될 것입니다.

본격적으로 '작은 농업'을 시작하고 나면 배움에 시간을 할애하기가 어렵습니다. 그러니 본격적으로 농사를 시작하기 전에 최대한 공부하길 바랍니다.

---

• 국내에도 다양한 텃밭 가꾸기 관련 도서가 있다. 이를 참고하면 많은 도움을 얻을 수 있다.(역주)

## 준비와 연수

### 어디서
### 농업 기술을 익힐까

'드디어 독립이다!'라고 외치고 싶겠지만, 독립하여 일을 시작한다고 해서 모든 일이 술술 풀리는 것은 아닙니다.

농가를 운영하려면 농업 기술 말고도 배울 것이 많습니다. 예전과는 달리 국가적으로도 신규 귀농자를 환영하는 분위기라 각 지자체에 안내 창구가 마련되어 있으니 잘 활용해 봅시다.

- 전국 신규 귀농 상담 센터 홈페이지•
  https://www.be-farmer.jp/support

이 사이트에서 무료 또는 매우 저렴한 비용으로 농업 기술을 전수하는 연수처를 찾을 수 있습니다. 다만, 공공기관에서는 아직 관행 재배 기술만 가르칠 뿐 제가 실천하는 무농약, 무비료 등의 새로운 농법은 가르치지 않습니다. 또 농업 부기를 가르칠 뿐 실제로 인터넷을 활용하여 직판하는 기술은 가르치지 않습니다. 그런 실전 기

• 국내에선 농업기술센터에서 귀농 정보를 자세히 알 수 있다. 서울, 부산 등에 각 지역 농업기술센터 홈페이지가 있다.(역주)

술은 농가 또는 농업 법인에서 진행하는 연수에 참여해야 배울 수 있습니다(그 과정을 마친 다음 공공기관의 연수를 받는 것이 최선입니다).

연수 장소는 어디서 농사를 짓고 어디서 생활하느냐에 따라 달라집니다. 집에서 자동차로 다닐 수 있는 곳(편도 1시간 이내)이어야 연수를 받으면서 귀농을 준비할 수 있고, 연수 중에 쌓은 네트워크도 활용할 수 있습니다. 또, 귀농 후에도 유사시에 의지할 동료들이 있어 마음이 든든할 것입니다.

저는 처음 귀농할 당시 집에서 편도 30분 거리에 위치한 농업 법인에서 연수를 받으며 벼농사와 절임 가공법을 배웠습니다. 관행 재배만 배우고 무농약 재배 기술은 못 배웠지만 그때 절임용 채소를 비롯한 각종 채소 재배 기술의 기본(모종 심는 법과 키우는 법, 말끔하게 수확하는 법)을 익힌 것이 큰 도움이 되었습니다. 그중에서도 판매용 절임을 어떻게 만드는지, 그러려면 어떤 도구가 필요한지를 배울 수 있어서 정말 좋았습니다.

사실 저는 연수 기간 중에 차를 갓길에 빠뜨려서 '탈륜왕'으로 불렸고, 균형을 잃는 바람에 벼 모종을 여러 개 떨어뜨려 망치는 등 많은 실패를 경험했습니다. '낙제!'라는 말도 몇 번 들었는지 모릅니다. 그래도 그렇게 엄격한 곳에서 훈련받았기 때문에 지금의 제가 있다고 생각합니다.

장래에 자신이 실천하고 싶은 농법을 가르치는 곳이 집 가까이 있다면 더할 나위 없이 좋겠지만 이것저것 가리다가는 연수처를 아예 못 찾을지도 모릅니다. 대규모 농업 법인에서 진행하는 연수도 농업을 피부로 느끼기에는 충분합니다. 그리고 연수를 받고 싶은 곳에서 판매하는 상품은 꼭 구입하시기 바랍니다. 연수처에서도 연수 지망생이 사전에 상품을 구입하면 기뻐할 것입니다. 또 상품은 판매하는 곳의 '얼굴'이므로 자신이 그 상품과 잘 맞는다면 연수처와도 잘 맞을 것이라고 예측할 수 있습니다.

## 연수 기간 동안 꼭 알아야 할 것

한해살이 작물을 주로 재배하는 농가라면 1년간 농사를 지어도 작물의 일생을 한 번밖에 경험하지 못합니다.

해마다 기후가 달라지고 있으니 그때그때 전략을 바꾸어야 할 수도 있습니다. 그러므로 연수를 받는다고 해서 필요한 기술을 전부 습득하기는 어렵습니다.

한편, 연수처 측에서 볼 때는 연수생을 가르쳐 좀 쓸 만해졌다 싶으면 독립하겠다고 떠나 버리는 일이 비일비재합니다. 항상 이런 식이면 연수처도 힘들 것입니다. 애초에 독립하여 스스로 농사를 지을 계획이라면 연수할 기간을 미리 정해 둡시다. 그리고 연수처에도 그 사실을 알리는 것이 좋습니다. 그래야 서로 장래를 예측할 수 있으므로 연수가 끝난 뒤에도 원만한 관계를 유지할 수 있습니다.

저는 연수 기간을 1년으로 정했습니다. 물론 그 짧은 기간에 농업 기술을 전부 습득했다고는 말할 수 없지만, 기초는 충분히 배울 수 있었습니다. 연수를 받는 동안에는 조금이라도 더 능숙해지려고 집에서도 연수처에서 키우는 것과 똑같은 채소를 키웠습니다.

연수와 농사를 병행하기는 쉽지 않았습니다. 게다가 연수처에서 다 배웠다고 생각했는데 막상 스스로 해 보니 우왕좌왕하게 되는 일이 많았습니다. 그래도 그때 느낀 의문점을 선생님께 묻고 답을 얻는 과정을 반복하다 보니 감이 조금씩 잡히기 시작했습니다.

트랙터나 콤바인(수확기)을 운전하는 것을 농사일의 꽃처럼 여겨서 연수를 받을 때도 운전을 연습하려는 사람이 많지만, 기계 조작 기술 등은 독립한 뒤에도 얼마든지 익힐 수 있습니다. 그보다는 경영자의 관점에서 나무보다 숲을 보는 훈련을 해야 합니다.

처음에는 마음에 여유가 없어서 어려울지도 모르지만, '사장이 왜 그런 말을 했을까?', '내가 사장이었다면 어떻게 판단했을까?'라고 생각하는 습관을 들이면 나중에 독립한 후에도 큰 도움이 될 것입니다. 더불어, 가공을 병행하려고 생각한다면 식품의 가공과 보존에 어떤 기계와 설비가 필요한지, 그것들을 어디서 구입해야 하는지(지금은 모델명만 알면 인터넷에서 살 수 있다.)를 연수 중에 알아 두는 것이 좋습니다. 또 연수생 시절에 봉투나 박스 등 소모품을 취급하는 업체를 알아 두면 독립한 후에도 일을 추진하기가 수월할 것입니다(그런 의미에서도 집과 가까운 곳에서 연수하는 것이 유리하다.).

무엇보다 연수 기간에는 여러 인맥 네트워크를 확보하는 것이 중요합니다. 저는 연수 기간에 연수처가 있는 지역의 농업 청년회의(전국 조직이라서 각 지역에 있다.)의 청년 그룹에 참여하기도 하고 공공기관에 부설된 농업 학원에 다니기도(주 1회) 했습니다. 그곳에서 동료에게서 자극을 받았고, 모르는 게 있으면 강사에게 그때그때 질문하기도 했습니다. 첫 판매처도 그때 사귄 동료가 소개해 주었습니다. 그때의 인연이 나중에 학회로 이어지기도 했습니다.

이런 인연이 없으면 독립해서 버틸 수 없습니다. 명심하시기 바랍니다.

## 어디에 농사를 지어야 돈을 벌 수 있을까

그렇다면 어디에 땅을 얻어서 농사를 지어야 할까요?

지금은 대부분의 지자체에서 지방 인구 감소를 완화하기 위해 I턴(도시 출신이 농촌으로 이주하는 형태), U턴(도시에서 살던 농촌 출신이 다시 고향으로 복귀하는 형태), J턴(도시에 살던 농촌 출신이 타 지역 농촌으로 이주하는 형태)하는 사람들을 적극적으로 지원하고 있습니다. '빈집 은행'을 통해 집을 저렴하게 빌려주거나 장려금을 주는 곳도 많아서, 마음만 있으면 비교적 쉽게 귀농할 수 있게 되었습니다.

'빈집 은행'•에서 검색하면 각 지자체가 보유한 빈집 정보가 나옵니다. 단, 자료를 자주 갱신하지 않는 지자체도 있으므로 실제로

• 국내에는 LX공가랑(gongga.lx.or.kr)에서 빈집 정보를 확인할 수 있다.(역주)

집을 구할 사람은 각 관청에 직접 문의하는 것이 좋습니다.

환경이 마음에 드는 곳을 선택해도 좋겠지만 조부모나 친척이 사는 고향으로 가면 처음부터 주변의 신뢰를 얻어 지역에 빨리 동화될 수 있습니다. 다만 그만큼의 속박도 감수해야 하니 잘 생각하여 결정합시다.

실제로 생활할 장소도 중요합니다. 주택지가 아닌 산골에 살아야 진정한 농부라고 생각하는 사람도 있는데, 나중에 직판 비중을 높여 상품을 발송하고 교실을 개최하려면 인구 밀집 지역과 적당히 가까운 곳(적어도 인구가 10만 명 이상인 도시에서 차로 30분 이내)에 자리 잡는 것이 좋습니다. 그래야 가족들의 생활도 편해집니다.

후우라이는 인구 10만 명 규모의 도시인 이시카와현 고마쓰(小松) 시에서 차로 10분, 현청 소재지인 가나자와(인구 46만 명) 시에서 차로 30분 거리에 있습니다.

배달을 주로 했을 무렵에는 가나자와 방면이 중심이 되었습니다. 오전 중에 몇 집을 돌려면 그 정도 거리가 한계였습니다. 차로 30분 거리면 지혜 교실이나 이벤트를 개최할 경우 참여자들이 찾아오기도 쉽습니다. 이런 식으로 선택지를 압축해 나가면 됩니다.

그리고 지역에 따라서는 겨울마다 산 부근에 눈이 많이 내려서 농작물을 키울 수 없는 곳이 있습니다. 또한 요즘은 산 밑과 심지어 농가 근처까지 출현하는 멧돼지, 고라니의 피해도 문제가 되고 있습니다.

뉴스에선 멧돼지 등이 논밭에 들이닥쳐 농작물을 먹어 치우는 사건이 종종 보도됩니다.

해충 피해와는 비교가 되지 않을 정도로 짐승의 피해는 막대하며, 방지하는 데에도 큰 비용과 수고가 듭니다. 그나마 요즘은 지역에서 밭 주변에 울타리를 쳐 주기도 합니다. 물론 산촌 특유의 매력이 있는 것도 사실입니다. 하지만 막연한 상상과 분위기만으로 살 곳을 정해서는 안 됩니다.

또한, 한 번 경작한 농지를 버리고 떠나기는 쉽지 않으니, 사업과 가족의 생활을 종합적으로 고려하여 신중하게 판단합니다. 집도 처음부터 새로 짓기보다 빈집을 살펴 볼 수 있는 사이트를 검색하거나 연고를 활용하여 일단 대여하는 것이 좋습니다. 직접 생활해 보지 않으면 무엇이 필요하고, 필요없는지 모릅니다. 일단 살아 본 다음에 집을 지어도 늦지 않습니다.

농사만 짓는 게 아니라 가공과 직판, 교실 운영까지 할 예정이라면 집 한 채가 통째로 필요합니다. 여기서 더 욕심을 내서 독립된 차고(창고)를 확보하면 농기구 보관, 실내 작업, 가공 작업, 이벤트 개최에 편리할 것입니다.

가나자와의 산 근처(시가지에서 차로 15분 정도)에 신규 귀농한 동료가 있습니다. 그런데 그에게 밭을 빌려준 주인이 '집이 비어 있으니 한 달에 5,000엔만 내고 마음대로 써도 된다'라며 집도 빌려주었다고 합니다.

그는 자신이 사는 집과는 별도인 그 공간을 커뮤니티 이벤트 공간으로 꾸몄습니다. 그곳에서는 환경에 관한 영화가 상영되며

매실장아찌, 매실주스 만들기 모임이 열리고 마사지 체험 이벤트도 열립니다.

요즘 지방에서는 빈집이 늘어나는 것이 사회적 문제가 되고 있습니다. 사람이 살지 않으면 집이 금방 망가진다는 이유로 위와 같이 집을 거의 무료로 제공하는 사람들이 있습니다.

## '농산물은 농부의 발소리를 듣고 자란다' : 후회 없는 농지 선택법

앞으로 '작은 농업'을 하려는 사람에게 가장 어려운 과제는 '농지 선택'이 될 것입니다. 그러나 반대로 생각하면, 농지를 스스로 고를 수 있다는 것이 든든하게 느껴지기도 합니다.

앞서 소개한 전국 신규 귀농 상담 센터(한국: 농업기술센터)에서 농지를 검색해 보면, 여러 가지 정보를 얻을 수 있습니다. 하지만 실제로 농지를 빌리려고 하면 보이지 않는 장벽에 부딪힙니다.

일본인은 토지를 선조에게서 물려받은 소중한 유산으로 여기기 때문에 신뢰하지 않는 사람에게는 좀처럼 빌려주지 않는다는 것입니다. 그래서 가까운 친척의 소개를 받거나 연수처에 신뢰를 얻어 땅을 소개받는 방법도 있습니다. 간혹 1~2년간 연수를 받으면 농지를 소개해 주는 곳이 있는데, 사실은 이것도 얼마나 신뢰를 얻느냐에 따라 상황이 달라질 수 있습니다. 어쨌든 처음에는 한눈에 훑어보고 관리할 수 있는 작은 면적에서부터 시작하는 것이 좋습니다.

비슷한 시기에 귀농한 동료 중에도 처음 농지를 빌릴 때는 힘들었지만 그 이듬해부터 농지가 저절로 굴러들어왔다는 사람이 많습니다. 1년 차에 6,000 $m^2$를 겨우 빌렸는데 2년 차에는 부탁도 하지 않은 40,000 $m^2$가 추가되었고 그 이듬해에 다시 70,000 $m^2$ 추가되었다고 합니다.

이런 얘기가 나오면 동료들 모두가 입을 모아 말합니다. '주변 사람들은 안 보는 것 같아도 다 보고 있다'라는 것입니다. 잡초 관리를 꼼꼼히 하면 주변에서 좋게 평가하니 제초에 특히 신경을 써야 합니다. 그런 의미에서라도 처음에는 너무 넓은 면적을 빌리지 않아도 됩니다.

만일 본인에게 선택권이 있다면 어떤 농지를 고르는 게 좋을까요? 밭이라면 배수가 잘되고 해가 잘 드는 땅이 좋습니다. 이러한 점은 변하지 않는 요소이므로 처음부터 특히 신경을 써야 합니다.

토질은 밭에 나는 잡초의 종류를 보면 판단할 수 있습니다. 그러나 무엇보다 중요한 것은 집과의 거리입니다. 농지는 무조건 집에서 가까워야 합니다.

'농산물은 농부의 발소리를 듣고 자란다'라는 말이 있는데, 그 말처럼 밭에 자주 다니는 것이 농사에 성공하는 비결입니다.

## 실천

### 필수적인
### 농기구 선택법

밭일을 하는 데에는 농기구가 꼭 필요합니다. 그중에서도 기본적으로 갖추어야 할 것은 다음 다섯 가지입니다.

① 호미 : 김을 매거나 땅 속 농산물을 캘 때 사용한다.
② 갈퀴 : 잡초나 농산물을 긁어모으는 데 사용한다.
③ 괭이 : 밭일에 가장 필수적인 농기구. 땅을 파거나 흙을 고르는 데 사용한다.
④ 세발 괭이 : 깎은 풀을 거둬들일 때, 식물을 뿌리째 파낼 때 사용한다.
⑤ 땅고르기 갈퀴• : 이랑과 밭을 평평하게 고를 때 사용한다.

후우라이에서는 고마쓰 지역에서 주로 쓰는 평평한 괭이를 쓰고 있습니다. 괭이는 농부의 분신과도 같아서 쓰면 쓸수록 손에 익숙해집니다. 그리고 밭일은 하다보면 자루가 잘 부러져서 꼭 좋은 것으로

• 낙엽이나 잡초를 긁어모을 때 주로 쓰는 일반 갈퀴는 대나무나 플라스틱 살을 빗자루 모양으로 엮어서 만든다. 한편 여기에 언급된 것은 서양식 갈퀴로, 긴 손잡이 밑에 평평한 빗 모양의 갈퀴가 가로로 길게 달려있으며 땅 표면을 평평하게 고를 때 주로 쓰인다. 우리나라에서는 흔히 '레기'(rake)로 불린다.(역주)

마련하도록 합시다. 농부가 괭이에 익숙해지면 익숙해질수록 벌이도 좋아집니다.

'작은 농업'에 긴요하게 쓰이는 그 외의 농기구는 다음과 같습니다.

- 삼각 장대 괭이 : 뾰족한 끝을 낫처럼 활용하거나 좁은 곳에 이랑을 세울 때 쓴다.
- 파이프 삽* : 이랑과 이랑 사이의 좁은 공간에 홈을 팔 때 쓴다.

후우라이에는 엔진 달린 농기계가 몇 없지만, 관리기**인 혼다 고마메 F210(후속 기종은 F220)는 그중에서도 상당히 활약하고 있습니다. 이것은 텃밭용으로 제일 잘 팔리는 기종으로, 옵션도 다양하게 나와 있습니다.

배토기는 관리기에 부착된 것이 많이 있어서 관리기 구입할 때 선택하는 것이 좋습니다.

이랑이 고정되어있는 후우라이의 밭에서는 이랑과 이랑 사이의 작은 고랑을 가는 일이 매우 중요합니다. 여기서 소개한 기종을 꼭 구매할 필요는 없지만, 어쨌든 큰 것보다는 텃밭용을 구매하는

---

* 사각형 또는 길쭉한 삼각형 모양의 좁은 삽. 모양과 용도에 따라 막삽, 각삽, 파이프삽으로도 불린다.(역주)

** 씨를 뿌릴 고랑을 만드는 데에 사용하는 농기계이다.(역주)

것이 좋습니다. 텃밭용이 가격도 싸고 옵션도 다양한 데다 수리도 쉽고 빠르기 때문입니다.

'농기구 전문 쇼핑몰'을 이용하는 방법도 있습니다. 상품 가격도 저렴하고 무거운 물건을 집까지 가져다주므로 후우라이에서도 이곳을 종종 이용합니다. 다만, 기본 농기구 세 가지(괭이, 갈퀴, 땅고르기 갈퀴)는 직접 손에 쥐어보고 잘 맞는 것을 골라야 합니다. 그래야 오래 쓸 수 있습니다.

농기구는 중국산과 한국산, 일본산 등 여러 종류가 있어 용도나 가격 등을 비교하여 구입하면 됩니다.

## 농기구와 농기계를 저렴하게 사는 요령

인터넷 쇼핑몰에서는 대형 농기계 매매도 활발하게 이루어집니다. 다만, 이런 곳에서 중고를 살 경우 개인이 출품한 물건보다는 평소에 농기계를 취급하는 상점이 출품한 물건을 고르는 것이 좋습니다. 그런 상점은 신뢰할 수 있는 데다 상품을 대체로 잘 관리하기 때문입니다.

농업 소모품(비닐 피복 등)은 '농기구 전문 쇼핑몰'에서 주로 구입하는 것도 좋으나 비닐도 용도에 따라 여러 가지가 있으니 현지 농부들의 조언을 구하는 것이 좋습니다.

다만 일부 상품은 다른 곳보다 가격이 비싸서, 농기구 마트에 갈 때마다 주로 쓰는 물건의 가격을 메모해 두었다가 비교하고 구

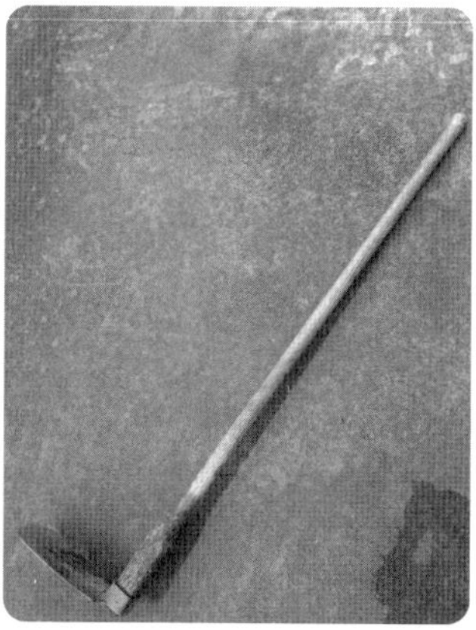

고마쓰 괭이

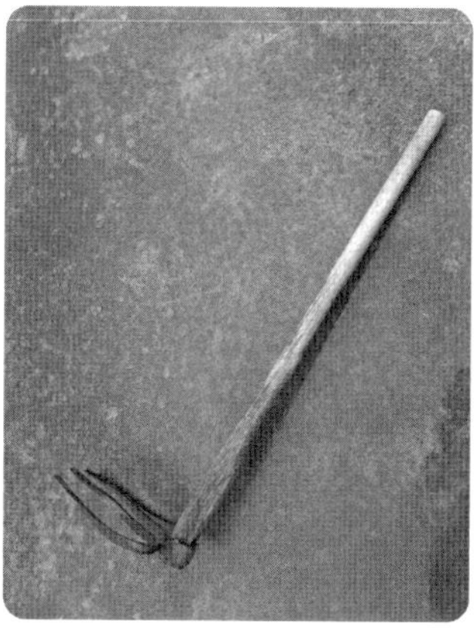

세발 괭이

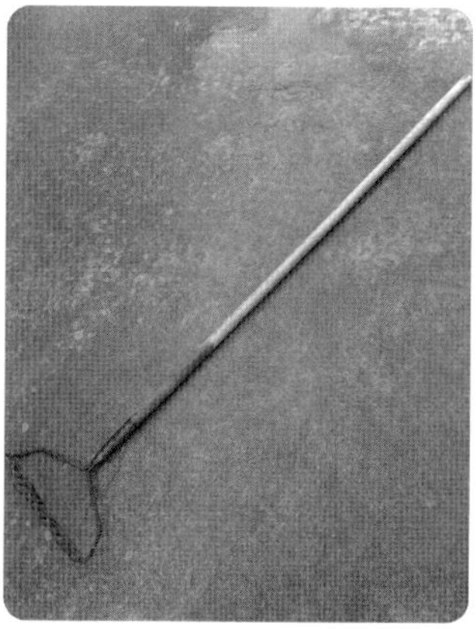

땅고르기 갈퀴캠션

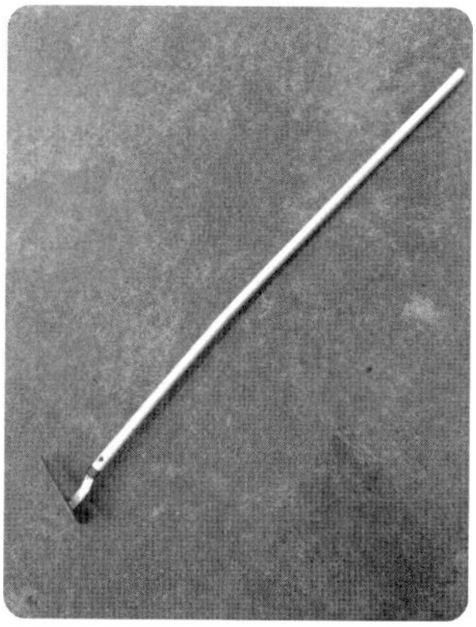

삼각 장대 괭이

관리기(혼다 고마메 F210, F220용
뉴 스타 로터 DX)분할형

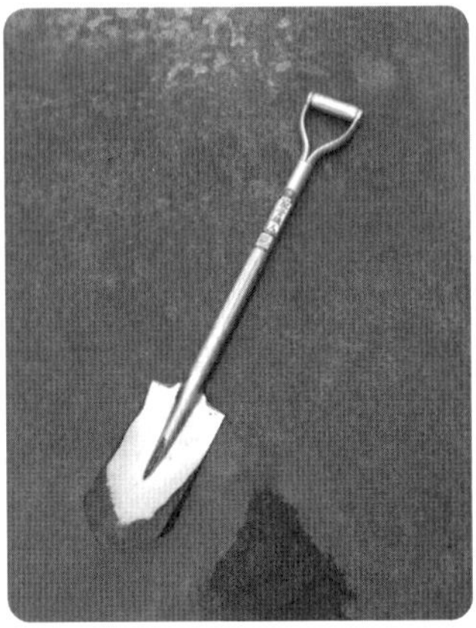

배관용 삽

관리기(혼다 고마메 F210)

배토기

매합니다.

이렇게 인터넷으로 농업 자재를 살 수 있게 된 것 자체는 반가운 일이지만 엔진 달린 농기계는 특성상(흙투성이가 되어 거칠게 쓰임) 신뢰할 수 있는 곳에서 사야 합니다. 잘못 고르면 수리비가 많이 들 수 있습니다. 사실 저도 그 문제로 골치를 썩인 적이 있습니다.

중고가 아닌 새 상품은 근처의 농협에서 구입합니다. 인터넷 상품과의 가격 차가 그다지 크지 않고 단위 농협마다 수리 센터를 확보하고 있으므로 고장이 났을 때 손쉽게 가져가 수리할 수 있습니다.

## '1년 차 매출 100만 엔'을 지향하는 비즈니스 설계

이렇게 농지와 집을 빌리고 연수를 받고 나서 독립하면 귀농 절차가 마무리 되어 갑니다. 그러나 시작에 앞서 진지하게 고민해야 할 것이 아직 남아 있습니다. 어떤 작물을 키워 누구에게 팔아서 어떻게 돈을 버느냐 하는 '비즈니스 설계'입니다.

밭 규모나 지형, 지역의 기후, 보유한 설비에 따라 설계가 제각각으로 달라지니 정답은 없습니다. 다만 '건강한 채소를 키우겠다'라는 모호한 생각밖에 없다면 '경영적 관점'이 결여된 탓에 목표도 막연할 것입니다. 그럴 때는 현실을 직시하기 위해 목표 소득(이익)부터 역산해 봅시다.

앞서 언급했다시피 부부가 어린아이를 키우려면 가구 연소득이 350만 엔 이상 되어야 합니다. 물론 첫해에는 농사로 그 정도의 소득(매출이 아닌 이익)을 얻지 못할 것입니다. 후우라이도 4년 차가 되어서야 단독으로 350만 엔의 소득을 벌 수 있었습니다.

사람마다 사업을 궤도에 올리는 속도가 다르겠지요. 그래도 부업이나 아르바이트를 해서라도 목표 금액을 달성하는 것이 중요합니다. '가난하면 둔해진다'라는 말처럼, 언젠가 잘 될 것이라는 막연한 태도로 일관하다 보면 결국 막다른 골목에 부딪히고 맙니다. 반면, 아직 마음에 여유가 있는 1년 차에 농업 매출 100만 엔을 달성하려고 애쓴다면 장래 가능성이 크게 열릴 것입니다(1년 만에 달성하지 못해도 일단은 매출 100만 엔을 지향할 것).

1을 10으로 늘리기도 어렵지만, 어쩌면 그보다 더 어려운 일이 '0을 1로 늘리는 일'입니다. 하지만 일단 '1'이라는 거점을 확보해야 그 후로도 매출을 늘릴 수 있습니다.

## 감자, 양파 등<br>'중량 중품종'을 먼저 재배하라

저는 첫해에 아르바이트(아내는 간호사로 근무)를 하면서 절임용 채소(주로 배추, 여름에는 오이, 가지 등)를 키웠습니다. 하지만 직장으로 출근하다 보니 밭에 나갈 시간이 절대적으로 부족했습니다. 그럴 때 추천하는 것이 '중량 중품종 재배'입니다.

'소량 다품종 재배'만큼 다양한 채소를 키우지 않으니 손이 덜 가고 '대량 소품종 재배'만큼 특정한 채소에 의존하지 않으니 위험을 분산할 수 있는 전략입니다.•

'중량 중품종 재배'에 적합한 작물은 호박, 고구마, 감자, 양파, 당근 등입니다. 이 중 몇 가지를 골라 키우면 됩니다. 이 채소들의 공통점은 무농약으로도 비교적 키우기 쉽다는 것, 수요가 꾸준하다는 것입니다. 게다가 수확한 후에도 채소를 오래 보관할 수 있습니다. 서둘러 억지로 팔아치우지 않아도 된다는 뜻입니다.

어떤 채소가 단위 면적당 평균적으로 얼마나 수확되느냐 하는 데이터는 농수산성의 '농업 경영 통계 조사'(http://www.maff.go.jp/j/tokei/kouhyou/noukei/index.html/)에서 확인할 수 있습니다.••

자신의 밭에 이 데이터를 대입하여 품목별 수확량과 매출을 예측해 봅시다. 농업은 자연을 상대하는 일이라서 생각대로 되지 않을 때가 많은데, 그것은 다시 말해 농부가 얼마든지 자연을 탓할 수 있는 일이라는 뜻이기도 합니다. '올해 수입이 적은 것은 기후 탓이지 기술이 부족한 탓이 아니다.'라는 식으로 말입니다.

그런 태도를 버리고 수확량을 바탕으로 매출과 소득을 냉철하게 예측해야 합니다. 그러지 않으면 수확량을 최대한으로 늘리고

---

• 국내 시장의 경우 과잉생산으로 농산물 가격이 폭락하는 경우가 있으니 농산물 가격 변동 추이를 잘 관찰해서 선택해야 한다.(역주)

•• 국내에서는 농촌진흥청 사이트에서 다양한 정보를 얻을 수 있다.(역주)

도 목표 소득을 달성하지 못하는 사태가 일어날지 모릅니다. 만약 그 해에 목표를 달성하지 못할 것 같다면 부업 등 다른 방법을 고려해야 합니다.

## 자금 조달 요령 ❶
## : 'NPO 은행'을 활용한다

비즈니스 설계만큼이나 중요한 과정이 '자금 조달'입니다.

예전에는 자금 조달을 위해 은행에서 돈을 빌리거나 관청에서 '귀농 지원금'을 받는 것이 보통이었습니다. 그러나 가능하면 대출이나 보조금을 받지 않아야 정신적으로 자유롭습니다.

소규모 다양성 농업에는 그다지 큰 자금이 들지 않으므로(후우라이는 143만 엔), 예전에 모아둔 돈으로 귀농 자금을 충당할 수도 있습니다. 다만, 농업은 사업이 궤도에 오르기까지 상당한 시간이 걸리므로 그때까지 생활에 필요한 비용을 확보하기가 오히려 더 어려울 수 있습니다. 그런 의미에서 자기 자금에 다소 여유가 있는 사람이라도 다른 방법으로 추가 자금을 조달하는 편이 안전합니다. 그 수단 중 하나가 바로 'NPO 은행'입니다.

NPO 은행이란 환경이나 복지 등 시민 사업에 필요한 자금을 지원하는 비영리 금융 기관의 총칭으로, 그 지점이 전국 각지에 흩어져 있습니다.

대표적인 NPO 은행으로는 '미래 은행 사업 조합'(https://miraibank.org/)과 'ap bank'(http://www.apbank.jp/)를 꼽을 수 있습니다.•

한편 일회성 보조금보다 지속적인 지원이 필요하다는 취지 하에, 정부나 지자체가 지원금을 지급하기도 합니다.

NPO 은행의 대출은 금리가 단리 1~3%로 낮은 것이 특징입니다. 그러나 무엇보다 대출도 받고 네트워크도 확보할 수 있다는 것이 가장 큰 장점입니다.

저를 포함한 'NPO 은행'에 출자한 사람 중에는 돈이 돌고 돌아서 세상을 더 좋은 방향으로 바꾸기를 바라는 사람이 많습니다. 그들은 의식이 매우 높아서 환경을 지키고 식품의 안전을 향상시키는 농업 분야에 주목하고 있습니다. 물론, NPO 은행도 비즈니스 설계가 탄탄해야 융자를 내주겠지만, 일단 융자를 준 곳은 물심양면으로 돕습니다.

또한, 경리와 마케팅에 대한 조언까지 제공합니다. 농업 새내기에게는 무척 든든한 존재인 셈이지요. 게다가 NPO 은행에서 융자를 받으면 출자자에게 자신의 농가를 자동으로 홍보할 수 있습니다. 융자를 받는 것도 모자라 출자자를 후원자로 만들 수도 있는 것입니다. 그러므로 네트워크를 넓힌다는 생각으로 소액의 융자를 받는 것도 좋은 방법입니다. 종종 '돈은 사회의 혈액'이라고 하는데, 이런 조직과 조금이라도 관계를 맺다 보면 돈 역시 하나의 소통 수단임을 실감할 수 있습니다.

---

• 국내에서는 농협을 통해 다양한 상품이 개발되고 있다.(역주)

## 자금 조달 요령 ❷
## : '크라우드 펀딩'으로 '돈'과 '인연'을

자금 조달 수단 중 농업과 아주 잘 맞는 것이 '크라우드 펀딩'입니다.

크라우드 펀딩이란 '군중'을 뜻하는 'crowd'와 '자금 조달'을 뜻하는 'funding'이 합쳐진 말로, 어떤 사업이나 조직의 취지에 공감하는 불특정 다수의 사람이 인터넷에서 자금을 모아 특정한 프로젝트를 지원하는 일을 가리킵니다. 크라우드 펀딩은 이미 전 세계에 퍼져 있었지만, 일본에는 동일본 대지진 이후에 서서히 정착했습니다.

후우라이도 지금까지 크라우드 펀딩을 두 번 실시했습니다. 두 번 다 'FAAVO(파보)'(https://faavo.jp/)라는 사이트를 이용했으며,* 그 중 첫 번째는 풀을 깎으면서 잘게 부수는 기계인 '해머 나이프 모어'라는 기계를 마련하는 프로젝트였습니다.

당시 후우라이의 모습을 아래 링크에서 보실 수 있습니다(펀딩은 이미 종료).

- 크라우드 펀딩으로 '해머 나이프 모어'를 구입(컬러화보 8쪽)
  https://faavo.jp/ishikawa/project/45

---

* 국내에서는 '스마트팜코리아(www.smartfarmkorea.net)' 사이트를 이용하면 크라우드 펀딩에 참여 할 수 있다.(역주)

2012년에 시작한 '탄소 순환 농법'에 필요한 기계를 사기 위해 22만 엔을 목표로 삼고 프로젝트를 시작한 것이었습니다. 그런데 놀랍게도 192 %를 달성하여 42만 3,000엔이 모였습니다.

두 번째는 2014년 12월에 내린 대설로 무너져 버린 비닐하우스를 재건하는 프로젝트였습니다.

- 크라우드 펀딩으로 '비닐하우스'를 재건(컬러화보 8쪽)
  https://faavo.jp/ishikawa/project/430

사실 이것은 제가 아니라 재해 소식을 접한 친구가 시작한 프로젝트였습니다. 당초 목표액이 30만 엔이었는데 236 %를 달성하여 71만 엔이 모였습니다. 정말 놀랍고 감사했습니다.

크라우드 펀딩은 간단히 말해, 모집 기간 내에 정해진 목표액을 달성하면 펀딩이 성립되고 달성하지 못하면 무산되어 출자자에게 출자금이 환불되는 구조입니다. 펀딩이 성립될 경우 주최사의 수수료(약 20 %)를 뺀 금액이 프로젝트 진행자에게 입금됩니다. 그러면 프로젝트 진행자는 출자자에게 약속된 출자금별 사례를 보내야 합니다. 반면, 무산된 프로젝트에는 수수료가 전혀 부과되지 않으므로 금전적 위험이 없습니다.

크라우드 펀딩은 자금을 인터넷에서 널리 모집하는 방식이라 'NPO 은행'보다 후원자 수가 훨씬 많습니다. 한편, 신뢰가 없으면 출자자를 확보하기 어려우므로 개업 이후 어느 정도 실적을 쌓지 않으면 프로젝트 성립이 어려울 수 있습니다. 그래도 이런 시스템이 생긴 것 자체가 무척 고마운 일입니다.

농업계에도 크라우드 펀딩을 잘 활용하여 성공한 사례가 많습니다.

노토 섬(이시카와현 나나오 시)에 올리브 나무를 심기 위해 올리브 묘목 구입 자금을 모집한 사람이 있었습니다. 농사 조합법인 '라콜토(Raccolto) 노토 섬'의 스사키 구니오 씨(NPO 법인 애그리파이브 이사장)입니다. 이 프로젝트의 목표 금액은 25만 엔이었고 최종 달성률은 129 %였습니다. 게다가 이때의 출자자들이 고스란히 프로젝트의 후원자가 되어, 1년에 한 번씩 열리는 노토 섬 묘목 심기 행사에 적극적으로 참여하고 있습니다. 사실 저도 신문에 스사키 씨의 활동이 소개된 것을 보고 크라우드 펀딩을 알게 되었습니다.

또, 닭을 특별한 방식으로 키우기 위해 우물 파기에 도전한 도시타 씨 부부도 목표 금액 50만 엔을 125 % 달성했습니다. 더불어 회사를 그만두고 농업에 도전한 자연 재배 농가 세 곳이 함께 진행한 '해머 나이프 모어' 구입 프로젝트(목표 금액 30만 엔, 달성률 120 %)도 성공적으로 마무리되었습니다.

제 주변에서만 이렇게 많은 사람이 크라우드 펀딩에 도전하여 성공했습니다. 물론 본인들도 노력했겠지만, 환경의 시대, 생명의 시대를 맞아 농업에 대한 인식이 좋아진 것도 성공 요인 중 하나일 것입니다. 덧붙이자면 모처럼 펀딩에 성공한 만큼 저희 후우라이나 노토 섬의 스사키 씨처럼 이벤트를 통해 인연을 이어가는 것이 이상적이라고 생각합니다.

## '개인 화폐 단위'로 환산하라

돈을 벌려고 한 일이지만 농사를 처음 시작할 때는 아무래도 돈을 많이 쓰기 마련입니다. 그래서 10만 엔대의 물건을 거리낌 없이 사다 보니 금전 감각이 마비되기 쉽습니다. 그래서 제가 돈의 가치에 좀 더 민감해지기 위해 생각해 낸 아이디어가 '개인 화폐 단위'입니다.

구체적으로 말하자면 친근한 상품을 돈의 단위로 활용하는 것입니다. 예를 들어 후우라이 초기의 개인 화폐 단위는 '김치'였습니다. 당시 50 g짜리 한 봉지의 도매가가 200엔이었으니 1김치 = 200엔입니다.

가벼운 놀이 같은 느낌이지만, 농기구를 사고 싶을 때 '이걸 사려면 10김치가 든다(즉, 김치를 10팩 팔아야 한다)'라고 계산하다 보면 '직접 만들어야겠다'라고 마음을 고쳐먹게 됩니다.

금액이란 본래 상댓값이 아닌 절댓값인데도, '다른 물건보다(평소보다) ○ % 싸니까 이득이다'라고 무심코 생각하기 쉽습니다. 이럴 때 '개인 통화 단위'로 계산하면 물건의 가치를 주체적으로 따져 볼 수 있습니다. 참고로 개업 3년 만에 건축한 점포이자 공장 겸 자택에 쓰인 비용은 '10만 김치'였습니다. 이제 몇천 김치만 더 벌면 10만 김치를 회수할 수 있습니다.

친구에게 이 이야기를 했더니 “그럼 나는 1토마토인가?”라며 크게 웃었습니다. 조금 쩨쩨해 보일지도 모르지만, 개인 통화 단위를 활용하면 돈이 친근하게 느껴지기도 하고 평소에는 껄끄러웠던 돈 이야기도 술술 꺼낼 수 있어 편리한 점이 많습니다.

## 상호를 '무농약 채소 후우라이'에서 '텃밭생활 후우라이'로 바꾼 이유

농가의 명칭은 일반적으로 운영자의 이름이나 성, 또는 지명을 따서 '○○ 농장'이나 '○○ 농산'이 되기 쉽습니다. 제가 개업할 때도 부모님이 '(네 이름이 에이키(栄喜)니까) <○에이 농장>(일본에서는 동그라미를 '마루'로 읽으니 '마루에이'가 되겠지요)은 어때?'라고 제안하셨지만 저는 그 이름이 썩 마음에 들지 않았습니다.

그때 문득 떠오른 단어가 '후우라이(風来)'였습니다. '후우라이'라는 말에는 바람처럼 많은 손님이 찾아오기를 바라는 마음이 담겨 있습니다. 실제로도 우리 밭은 바다가 가까워서 언제나 바닷바람이 지나갑니다. 바람은 농사에 꼭 필요한 요소지요.

사실 이름을 '후우라이'로 정한 데에는 또 다른 이유가 있습니다. 이름이 '후우라이'라면 '무농약 채소 후우라이', '무첨가 절임 후우라이'는 물론 '카페 후우라이', '민박 후우라이', '비스트로 후우라이', '스낵숍 후우라이'까지 다 가능합니다.

'후우라이'는 저 스스로 다양한 장래를 내다보고 붙인 융통성 있는 이름입니다. 만약 '○○ 농원'이라는 이름에 묶여 있었다면 지금처럼 생산, 가공, 교실을 병행하지 못했을지도 모릅니다. 이름을 '후우라이'로 하기를 정말 잘했다고 생각합니다.

처음 '무농약 채소 후우라이'였던 정식 명칭은 이제 '텃밭생활 후우라이'가 되었습니다.

이름을 변경한 것은 후우라이의 밭을 단순히 채소를 키워 수확하는 곳이 아니라 다양한 기능을 하는 곳으로 만들고 싶었기 때문입니다.

예를 들어, 지금 후우라이는 예전에 잡초로만 여겼던 쑥을 '쑥경단'의 재료로 쓰고 있습니다. 밭에서 텃밭 교실을 진행하고 김매기를 이벤트로 만드는 등 밭을 '무대' 삼아 다양한 아이디어를 내고 실천하는 중입니다. 이름을 '텃밭생활 후우라이'로 바꾼 뒤로는 술과 음식을 각자 가져와서 나눠 먹는 모임도 자주 개최하게 되었습니다. 술을 마시면서 참여자들이 장소 사용료를 지불하니 저의 수입에도 도움이 되는 모임입니다.

작은 농가에는 상황에 재빨리 대응하는 유연한 자세가 중요합니다. '후우라이'라는 이름에는 그런 자세를 지키고자 하는 마음이 담겨 있습니다.

상호를 만들 때 중요한 점은 본인의 입장에서 멋있게 지으려고 하면 안 됩니다. 소비자 입장에서 부르기 쉽고 기억하기 좋은 상호가 좋습니다.

## 어떤 품종을 키울까?
## 자신의 밭에 맞는 품종을 선택하라.

제가 귀농했을 무렵(1999년)에는 아직 무농약 재배 기술이 보급되어 있지 않았습니다. 그래서 어쩔 수 없이 더듬거리며 농사를 시작해야 했습니다.

처음에는 해충 때문에 배추를 다 버리게 되어 무척 힘들었습니다. 다행히 지금은 무농약 재배 기술이 널리 다양하게 보급되어 있습니다. 제가 고생했던 것을 생각하면 지금 귀농하는 사람들이 부럽기도 하지만, 무농약을 유지하면서도 해충은 방지해야 하니 어떤 의미에서 '더 어려운 시대'가 되었는지도 모르겠습니다.

또 지금은 관행 농법(농약과 화학비료를 사용하는 통상의 농법)과 유기 농법, 무농약 농법, 무비료 농법, 자연 농법(농약을 사용하지 않고 최대한 자연에 맡겨 작물을 재배하는 농법) 등 농법도 다양해져서 무엇부터 시작해야 할지 선택하기가 더 어려워진 듯합니다. 확실히 키우고 싶은 채소가 있다면 다행이지만 그것을 정하기조차 쉽지 않습니다. 저도 그랬습니다. 하지만 다양한 농법을 경험하다 보면 자신 나름의 생각과 방식을 차차 찾아가게 될 것입니다. 그런 의미에서 다른 농법을 지향하고 있더라도 한 번쯤 관행 농법을 가르치는 곳에서 연수를 받는 것이 좋습니다.

표준 기술을 습득하면 새로운 기술이 표준 기술과 어떤 점에서 다른지도 알 수 있습니다. 처음부터 특이한 농법을 시도했다가 실패하면 우왕좌왕하기 쉬운데, 그럴 때도 관행 농법의 기본을 알고 있으면 언제든 당황하지 않고 기본으로 돌아갈 수 있습니다.

한편, 농법만큼이나 고민스러운 것이 어떤 품종을 키우느냐 하는 문제입니다. 재래 품종(지역에서 옛날부터 전래된 것)은 해당 지역의 기후에 강하고 무농약 재배도 비교적 수월하지만 발아 시기가 제각각이라(한꺼번에 전멸할 위험을 피하기 위해 제각각 발아함) 판매용으로 키우기가 어렵다는 단점이 있습니다.

반면 현재 주류인 F1 품종(육묘 교배에 의한 품종)은 형태, 맛, 수량이 안정적이지만 관행 농법에 최적화되어 있으므로 무농약 농법으로 키우기가 어렵습니다. 현재 후우라이에서는 재래 품종을 주로 키우면서 오래전부터 잘 팔리는 F1 품종도 함께 키우고 있습니다.

각각의 지역이나 밭에도 제각기 적합한 품종이 있습니다. 자신의 밭에 맞는 품종을 찾는 가장 빠른 방법은 이웃 농가에 물어보는 것입니다.*

여름 채소(토마토, 오이, 가지, 피망 등)는 처음부터 무리하지 않고 모종을 사서 키우는 것이 좋습니다. 품종도 중요하지만 재배법에 따라 안전성, 맛이 크게 달라지기 때문입니다.

---

* 우리나라에서는 자신이 농사지을 흙을 농업기술센터에 가지고 가면 흙 성분을 분석하여 준다. 흙 성분에 따라 농산물을 선택해야 한다.(역주)

## 절대 피해야
## 할 세 가지

밭농사를 처음 하는 사람은 이런저런 실수를 저지르기 마련입니다. 그중에서도 절대 피해야 할 세 가지 실수가 있습니다.

1. 땅을 너무 많이 간다.
2. 물을 너무 많이 준다.
3. 비료를 너무 많이 준다.

일반적으로는 밭을 트랙터나 관리기로 갈지만, 그러고 나면 흙이 너무 잘게 부서집니다. 얼핏 보면 흙이 보송보송해진 것처럼 보여도 인공적으로 균등하게 갈아 놓았기 때문에 비가 내리면 단단하게 굳어져서 물이 잘 안 빠지는 땅으로 변합니다. 그러면 채소 뿌리도 잘 자라지 않게 됩니다. 흙이 조금씩 덩어리져 있어야 바람이 잘 통해서 채소가 잘 자랍니다.

또, 텃밭을 일구는 사람들이 흔히 하는 결정적인 실수가 물을 너무 많이 주는 것입니다. 물을 많이 주면 뿌리가 썩어 포기 전체가 말라 버립니다. 그 정도까지는 아니더라도 물을 받아먹는 것이 당연해지면 뿌리가 물을 찾기 위해 성장하지 않게 됩니다.

줄기, 잎 등 지상부도 지하부와 한 몸이므로 뿌리가 약하면 좋은 열매를 얻을 수 없습니다. 유채나물 등 짧은 기간에 집중적으로 성장시켜야 할 잎채소에는 어쩔 수 없이 물을 주어야 하지만, 그렇다고 뿌리가 썩을 정도로 많이 주면 안 됩니다.

비료를 너무 많이 주어서도 안 됩니다. 사실은 이것이 가장 까다롭습니다. 채소를 잘 키우기 위해 비료를 주었는데 오히려 비료 과다로 실패한 적이 있습니다.

초창기에 채소를 튼튼하게 잘 키우고 싶다는 마음에 퇴비와 유기질 비료뿐만 아니라 마그네슘과 철, 유황, 붕소 등 '미량 요소'까지 사서 뿌렸는데요. 말 그대로 미량만 있어도 되는 성분을 인공적으로 뿌렸더니 땅의 성분 균형이 무너져 버렸습니다. 한 번 이렇게 되면 땅에서 비료 성분을 빼기가 무척 어렵습니다.

미량 요소는 실험을 거듭하여 작은 면적에만 뿌렸기 때문에 그나마 다행이었습니다. 그래도 땅을 정상으로 되돌리는 데 꼬박 2년이 걸렸습니다(옥수수 등 비료를 많이 흡수하는 작물을 키워서 비료 성분을 줄여야 했습니다).

'넘침은 모자람만 못하다'라는 말이 딱 들어맞습니다. 본래 흙은 스스로 균형을 찾게 되어 있습니다. 채소가 잘 자라지 않는 '산성 토양'에 제일 먼저 돋아나는 식물이 쇠뜨기입니다. 쇠뜨기가 시들었다면 흙이 중성에 가까워졌다는 뜻입니다. 단단하게 굳은 땅에는 뿌리가 강한 벼과 잡초가 돋아납니다. 이 잡초들이 뿌리를 땅속에 남겨 배수를 원활하게 합니다.

저는 몸소 실패한 덕분에 이런 교훈을 얻을 수 있었습니다. 밭농사는 무엇보다 매일의 관찰이 중요하다는 사실을 절감했습니다.

또 '때에 따라서는 쉬는 것도 농사'라는 교훈도 배웠습니다. 처음에는 농번기라서 시간이 없다는 이유로 비가 온 후에도 억지로 땅을 갈았는데, 그다음 날 갑자기 해가 나니 땅이 딱딱하게 굳어져 버렸습니다. 농사를 지을 때는 사람의 형편에 맞추기보다 자연의 형편에 맞추어 일해야 좋은 결과를 얻을 수 있습니다.

## 가공으로 '나만의 노하우'를 만드는 방법

앞으로 '작은 농업'을 시작할 사람은 가공과 직판을 반드시 병행하는 것이 좋습니다.

가공을 하면 같은 상품이라도 부가 가치를 높여 비싸게 팔 수 있을 뿐만 아니라 상품의 가치를 오래 보존하고 밭에서 발생하는 낭비를 줄일 수 있습니다.

다만, 가공을 하려면 초기에 가공 공장이나 냉장고 등을 마련해야 하고 지속적으로 운영비를 지불해야 합니다. 그러므로 투자 대비 효과를 높이기 위해서는 1년 내내 가공식품을 만들어 판매할 수 있는 시스템이 필요합니다.

제가 가공에 처음 도전하려는 사람에게 추천하는 품목은 오래전부터 존재했던 표준적인 가공식품인 매실장아찌, 단무지, 된장입니다. 이것들은 전부 옛날에 냉장고가 없었을 때부터 사랑받았던 가공식품입니다. 특히 단무지는 겨울철에 설비비나 운영비를 거의 들이지 않아도 되는 데다 수요가 꾸준한 식품이므로 농가의 대표 상품이 되기에 충분합니다.

다만, 판매를 개시하려면 발효식품제조사 자격을 따고 비용을 들여 전용 상하수도 시설을 설치해야 합니다. 그러므로 처음에는 만들기 교실(교실에는 면허가 필요 없음)을 진행하다가 잘 팔릴 것이라는 확신이 생겼을 때 판매를 개시하는 것이 좋습니다.

귀농 전에 가공 기술을 익혀 두면 나중에 반드시 도움이 됩니다. 인생 선배에게서 혹은 요리 교실에서 배운 지혜에 SNS나 유튜브에서 본 지식을 보태서 나만의 오리지널 레시피를 만들면 세상 어디에도 없는 '나만의 노하우'가 생길 것입니다. 게다가 가공 기술의 '나만의 노하우'는 활용하면 활용할수록 더 발전하고 커집니다.

후우라이는 어머니에게 전수받은 김치를 가지고 사업을 시작했습니다. 그 김치는 어머니가 아는 한국 사람에게서 만드는 법을 배우고 일본인의 입맛에 맞도록 맛을 조정하여 완성한 것이었습니다. 당연히 맛있었지만 젊은 사람의 입맛에는 약간 단 느낌이었습니다. 그래서 제가 단맛을 조금 줄여서 채소 맛이 돋보이도록 했습니다. 사람의 미각은 단맛과 매운맛을 제일 먼저 느끼는 법입니다.

그래서인지 처음에는 고객에게서 '좀 더 달았으면 좋겠다', '너무 달다', '매운맛이 부족하다', '아이에게는 너무 맵다', '한국 김치와 맛이 다르다'라는 다양한 의견이 들어왔습니다. 그럴 때마다 (물론 크게 바꾸지는 않았지만) 단맛을 조금 줄이거나 매운맛을 조금 늘리거나 줄이다 보니 맛이 계속 바뀌는 악순환이 이어졌습니다. 그래서 그 악순환을 끊어야겠다는 생각으로, 제가 이상적이라고 느끼는 맛을 정하고 그 맛을 단호하게 지키기로 했습니다. 홈페이지에도 미각 차트와 함께 "후우라이의 김치! 재료는 진짜지만 본고장의 맛은 아닙니다. 일본인이 밥과 함께 매일 먹기 좋은 맛입니다."라는 문구를 실었습니다.

그 후 몇 년 사이에 단골도 늘고 대량 구매 고객도 늘었습니다. 미각은 사람마다 다르고 가게마다 다릅니다. 그래서 모든 사람을 만족시킬 수 없다면 후우라이의 맛을 좋아하는 고객을 우선하려고 했습니다. 몇 년 동안 꾸준히 구매해 주시는 단골들 덕분에 언제나 자신감 있게 일하고 있습니다.

아내가 김치와 절임을 전담하게 된 지도 오래되었습니다. 아내는 시기에 따라 맛이 달라지는 배추와 사과를 가지고 항상 일정한 맛의 김치를 만듭니다. 다른 사람이 흉내 낼 수 없는 이 맛이야말로 경험에서 나온 '나만의 노하우'입니다.

거듭 말씀드리지만, 농사와 가공을 병행한다면 반드시 동업자와 역할을 분담해야 합니다. 동업자는 꼭 부부가 아니어도 됩니다. 실제로 두 가구가 역할을 분담하는 경우도 있고 여성 두 명이 농가를 운영하기도 합니다.

이시카와현 노토 지방에 있는 '사이유칸(菜友舘)'은 2012년에 두 가구가 힘을 합쳐 만든 농가입니다. 농업 문외한들이 모이다 보니 첫해 매출(소득(이익)이 아니라)이 45만 엔이었습니다. 어떤 의미에서는 '용감한 출발'이었지요.

'사이유칸'은 주력 채소를 고구마, 감자, 당근, 마늘로 집약한 것이 특징입니다. 그리고 그것을 고구마 칩, 고구마말랭이, 감자 칩, 말린 당근, 흑마늘 등으로 가공하여 판매하고 있습니다. 그런 상품들이 전국 행사장이나 자연식품점에서 큰 인기를 끌어, 지금은 40,000 $m^2$의 밭에서 난 채소를 전부 가공식품으로 만들어 팔고 있습니다.

'사이유칸'의 대단한 점은 두 가구가 역할을 나누어 맡고 있다는 것입니다. 식품의 안전성과 맛은 물론이고, 페이스북에 공개되는 두 가족의 화기애애한 모습도 인기의 한 요인인 듯합니다.

## 부부는 어떻게 역할을 분담해야 할까

첫 아이가 태어나고 나서 육아가 조금 안정된 것이 2001년 4월(참고로 후우라이의 개업은 1999년 4월)이었습니다. 그때부터 아내도 후우라이의 일원이 되었습니다. 그때는 매출도 업무도 아직 안정되지 않아서 그날그날 상황에 따라 '오늘은 밭에서 ○○하는 걸 도와줘.'라는 식으로 일을 부탁했습니다. 고맙게도 아내는 아이를 돌보면서 잘 도와주었습니다.

당시에는 동업자라기보다 도움을 받는다고 생각했습니다. 후우라이는 건물 1층이 사업장이고 2층이 집인데, 아내가 1층에 내려오지 않으면 무심코 '뭐 하는 거야!'라며 불만스러워하기도 했습니다.

지금 생각하면 정신적으로도 금전적으로도 여유가 없었던 것 같습니다. 혼자 어떻게든 해내야 한다는 생각에, 원래 귀농의 목적이었던 '가족의 행복'을 완전히 잊고 있었습니다.

당시를 회상할 때마다 아내는 "그때 나도 큰애를 키우느라 여유가 없었는데, 당신 표정이 너무 무서워서 하소연 한 번 제대로 못 했어."라고 말합니다.

그러던 어느 날 아내가 "물론 일은 돕겠지만, 나도 계획이 있으니 사전에 무슨 일을 해야 할지 알려주면 좋겠어."라고 말했습니다. 당연한 요청이었습니다. 그때부터 아내는 후우라이의 일을 오전 중에 최대한 처리하고 오후부터는 집안일과 육아에 집중하기로 했습니다.

전에는 밭일을 하든 절임을 만들든 둘이 함께 했기 때문에 작업 계획을 세우기가 어려웠지만, 그때부터 아내는 절임을 만들고 포장하는 일만 담당하게 되었습니다.

역할을 나누고 나서 잠시 동안 걱정이 되었지만, 담당이 정해지자 오히려 책임감이 생겼는지 아내가 주체적으로 일하기 시작했습니다. 그 결과, 아내는 '후우라이 아주머니의 과자를 만들어 보면 어때?'라고 제안까지 하는 명실상부 '동업자'가 되었습니다.

밭일도 그렇듯이 절임을 만들려면 짬짬이 해야 할 일이 있습니다(재료 밑간하기, 절임 봉투 마감하기 등). 그래서 아내는 아내 나름의 스케줄을 만들어 일하고 있습니다. 덕분에 서로에게 스트레스를 줄 일이 없어졌습니다. 부부이기 때문에 맡은 일을 끝까지 해내고 각자 책임지는 것이 중요하다는 사실을 새삼 깨달았습니다.

지금은 아내가 절임, 과자, 배달을 담당하고 제가 밭일을 담당합니다(아내가 더 바쁜 날도 많습니다).

지금도 생생하게 떠오르는 기억이 있습니다. 개업한 지 얼마 되지 않았을 때였는데, 웬일인지 그날따라 주문이 적어서 내심 초조했습니다. 그런데 아내가 낙천적인 목소리로 '모처럼 시간이 났으니 놀러가자'라고 제안하는 게 아니겠습니까? 아내의 성격이 그런 것인지 일부러 더 밝게 했는지는 모르지만, 그 덕분에 마음이 상당히 편해졌습니다.

부부가 둘 다 쫓기는 마음이 들면 유사시에 크게 좌절하기 쉽겠지만, 어느 한쪽이 낙천적이면 사업을 길게 지속할 수 있습니다. 물론 각자 잘하는 일과 못하는 일이 있겠지만, 가족끼리 사업을 하려면 반드시 역할을 분담해야 합니다.

## 처음부터 성공적인 '직판'의 요령

후우라이식 '작은 농업'에 반드시 필요한 또 한 가지가 직판 기술입니다.

초창기라서 꾸준히 팔리는 상품이 아직 없다면 대형 직판장에 상품을 납품하는 것도 괜찮습니다. 수수료 15~20 %를 제하고 팔린 만큼만 정산받는 판매 형태라서 부담 없이 도전할 수 있습니다.

그리고 어느 정도 품목이 늘어나면 각종 축제나 장터, 지방 5일장 등에 출점해 봅시다.

처음에는 어디서부터 접근해야 할지 몰라 엄두가 안 날지도 모르지만, 요즘은 마을을 부흥시키기 위해 특색있는 시장, 축제 등의 행사를 자주 개최하는 지자체가 많습니다. 농촌 지원과나 농업기술센터에 문의하면 참여할 만한 곳을 소개해 줄 것입니다. 행사가 열리는 곳을 방문하여 이미 장사를 하고 있는 사람에게 절차를 물어보아도 됩니다. 저도 처음에는 마을의 이장을 찾아가 교섭을 했습니다. 지자체 행사는 참여비도 저렴하니 부담 없이 참여해 봅시다. 게다가 요즘은 참여자가 부족하므로 신규 참여를 환영하는 곳이 많습니다. 그렇게 한 곳에서 신뢰를 얻으면 여기저기에서 참여해 달라고 연락이 올 것입니다.

행사에 참여하여 다양한 점포들과 함께 장사해 보는 것도 좋은 경험이 됩니다. 행사 당일에는 반드시 명함을 갖고 갑시다. 명함을 만들지 않는 농가도 있는데, 이런 기회를 놓치면 너무 아깝습니다. 굴러들어온 비즈니스 기회를 놓치지 마세요.

후우라이의 초창기 경영에 행사가 상당히 도움이 되긴 했지만 (매년 10~11월에는 매주 행사에 참여했습니다.) 당시에는 아직 무농약, 무첨가 음식이 큰 관심을 끌지 못했습니다. 오히려 "어느 동네에서 왔어요?"라고 묻는 사람이 더 많았습니다. 게다가 행사장에서 이루어진 구매는 일회성으로 끝날 때가 많아서 인터넷 판매가 많아진 뒤로는 행사 참여 빈도를 서서히 줄이게 되었습니다.

## 행사 판매가 잘될 때 주의할 점

행사에 계속 참여하다 보면 여기저기에서 연락이 옵니다.

일반적인 행사(마을 5일장 등)는 손님이 많이 몰려서 당일 매출을 많이 올릴 수 있고, 수제품 판매 행사나 친환경 행사는 평소에 먹거리나 유기농에 관심이 많은 사람이 많이 찾아오므로 당일의 매출은 크지 않아도 인연이 오래 이어질 가능성이 큽니다.

실내 행사라면 괜찮지만, 직사광선이 쬐는 야외에서 행사가 열리는 경우에는 절임이 잘 팔리지 않습니다. 도심에서 열리는 행사에서는 들고 가기 힘든 채소(특히 무처럼 무거운 것)와 쌀이 특히 찬밥 취급을 받습니다.

한편 즉석에서 튀긴 크로켓이나 생선구이는 언제 어디서나 잘 팔립니다.

홈페이지에서는 인기 상품인 후우라이 절임도 처음 행사장에 출점할 당시에는 인기가 없어서 다 팔지 못할 때가 많았습니다. 그래서 언젠가부터 행사장 전용으로 만든 나물밥(컬러화보 5쪽)이나 카레 밥을 곁들이기 시작했습니다. 물론, 농가답게 '직접 기른 채소를 사용했다'는 점을 호소했습니다. 그 결과, 이제는 밥 없는 행사를 상상할 수도 없게 되었습니다.

행사장에서는 즉시 먹을 수 있는 음식이 손님을 몰리게 하는 효과를 발휘합니다. 그래서 나물밥을 곁들였을 때 고객이 즉시 먹을 밥을 사면서 절임을 함께 사는 상승효과가 나타난 것입니다.

처음에는 모든 행사에 적극적으로 참여하다가 평일의 일이 바빠지기도 해서 언젠가부터 주말 행사에는 참여하지 않게 되었습니다(안 그러면 쉬는 날이 없어집니다). 지금은 하루 5만 엔 이상의 매출이 예상되거나 제가 즐길 수 있는 행사에만 참여하는 것을 원칙으로 삼고 있습니다. 그렇지 않을 경우 차라리 후우라이에서 운영하는 '베지베지 클럽'의 모임을 개최하는 것이 더 낫기 때문입니다.

## 홈페이지에는 전화번호를 눈에 띄게 표시한다

'직판'이라고 하면 요새 대부분 인터넷 판매를 가리킵니다. 이쯤 해서 미리 준비해 두었던 홈페이지를 슬슬 개설해 봅시다.

후우라이의 홈페이지를 개설한 지 1년쯤 되었을 무렵, 현•의 중소기업 지원 센터에서 운영하는 인터넷 판매 강좌를 들은 적이 있습니다. 거기서 홈페이지 디자인, SEO 대책(검색 화면의 상위에 자사를 노출시키는 방법) 등 인터넷 상점 운영의 기초를 배우고 타 업종의 동료도 사귀면서 많은 자극을 받았습니다.

IT의 세계는 도그 이어(Dog Year)••가 아니라 마우스 이어(Mouse

---

• 우리나라 '도' 단위의 일본 행정지명.(역주)

•• 개는 수명이 15년 정도로 짧아서 1년이 인간의 7년에 해당한다고 한다. 인터

Year)입니다. 그때의 IT 기술과 지금의 IT 기술은 전혀 다릅니다. 다행히 이런 세미나가 지금도 각 지역의 지원 센터에서 실시되고 있으니 최신 정보도 들을 겸 한 번 참여해 보기 바랍니다(각 지역 중소기업 지원 센터나 상공회의소에 문의).

홈페이지 판매를 개시했다면 오픈마켓, 소셜커머스 등에서도 상품을 판매해 봅시다(초창기에는 후우라이도 판매를 몇 번 진행했음). 그러려면 귀농 전부터 오픈마켓 등에 개인 물품을 출품하여 방법을 익혀 놓는 것이 좋습니다.

예를 들어 채소 세트를 기획하여  출품한 후 거래가 얼마에 성사되는지 관찰하는 것입니다. 그러면 고객이 원하는 가격대가 어느 정도인지 객관적으로 파악할 수 있습니다.

요즘 들어 굳이 홈페이지가 아닌 SNS 메신저로 주문을 넣는 고객이 많아졌습니다. 아마도 수많은 고객 중 한 명이 아니라 '○○'라는 개인으로 인식되고 싶다는 뜻이겠지요.

후우라이는 하루에 채소 세트를 10개만 팔아도 경영에 문제가 없을 만큼 작은 농가입니다. 이처럼 규모가 작기 때문에 밀도가 더욱 중요합니다. 그런 의미에서 고객 한분 한분이 정말 소중합니다.

무엇보다 홈페이지를 만들 때는 눈에 띄는 곳에 전화번호를 표시

---

넷 분야의 1년의 변화가 다른 분야의 7년의 변화에 맞먹는다는 뜻에서, 인터넷 분야의 기술이 급변하는 현상을 표현할 때 쓰이는 말이다. 저자는 개보다 수명이 더 짧은(평균 2년 정도) 쥐를 언급하며 인터넷 기술의 발달 속도가 상상 이상으로 빠르다고 강조하고 있다.(역주)

하는 것이 중요합니다. 후우라이도 모든 페이지의 우측 상단에 전화번호를 표시해 두었습니다. 전화번호를 알리는 행위 자체가 신뢰를 낳는 데다(유선전화라면 신뢰도가 더 높아짐) 전화로 주문하는 고객이 많기 때문입니다. PC나 스마트폰이 없어서 전화로 주문하는 고객도 있겠지만 대부분은 홈페이지에서 주문할 수 있는데도 일부러 전화로 주문하는 고객입니다. 신뢰할 만한 업체인지 직접 확인하려는 것입니다. 일단 신뢰가 쌓이면 전화로 대량 주문을 하는 고객도 생깁니다.

## 광고비를 전혀 쓰지 않을 수 있을까?

후우라이는 지금까지 광고비를 한 푼도 쓰지 않았습니다. 판매할 수 있는 양이 정해져 있는 데다 어떤 의미에서는 틈새 상품만 취급하기 때문에 광고를 낸다고 해도 생각만큼 효과를 보지 못할 가능성이 크기 때문입니다.

그런데도 광고 회사의 전화를 종종 받습니다(그만큼 홈페이지의 전화번호가 눈에 띈다는 뜻). 처음부터 영업 전화인 것을 알면 곧바로 거절할 텐데 상대가 좀처럼 본론을 꺼내지 않을 때가 많습니다. 그럴 때 저는 '그거 유료인가요?'라고 재빨리 묻습니다. 그러면 상대도 거짓말을 할 수 없으니 솔직하게 대답해 줍니다.

유료라고 하면 '우린 규모가 작은 데다 물량도 적으니 유료라면 거절하겠습니다.'라고 말합니다. 이렇게 하면 통화가 단시간에 끝나니 서로에게 이득입니다.

지방 신문, 지방 TV 방송국, 잡지 등의 취재 요청도 종종 받습니다. 농업은 아름다운 계절의 변화를 보여 주면서 소개하기 좋은 주제인데다 무언가 색다른 시도를 하면 금세 눈에 띄는 분야이기 때문입니다.

그러나 대중매체에 등장한다고 해도 상품을 직접 소개하지 않으면 매출에 아무런 영향이 없으므로 지나친 기대는 금물입니다. 단, 인지도는 확실히 높아지니 초창기에는 웬만하면 다 응하는 것이 좋습니다.

이야기하기를 워낙 좋아하기도 해서 저도 시간만 허락된다면 거의 모든 취재에 응하고 있습니다(어차피 기자는 경청의 달인이니까요). 하지만 지금으로서는 그런 취재 경험을 블로그 소재로 활용하거나 일상의 이벤트로 삼는 정도로만 만족하고 있습니다.

인터넷 시대의 또 하나의 강력한 홍보 수단이 '입소문'입니다. 사람들은 신뢰하는 친구나 지인이 소개해 준 상품을 구입할 때는 가격을 그다지 신경 쓰지 않기 때문입니다. 인터넷의 입소문은 트위터, 페이스북 등 SNS가 주도하고 있습니다. 그래서 후우라이도 때때로 SNS에서 상품을 소개합니다. 다만 노골적인 노출로 광고 상품이라는 느낌이 들면 소비자에게 역효과가 나니, 댓글이 달릴 것까지 감안하여 상품에 대한 호기심을 유발하는 방식으로 자연스럽게 알리는 형식을 취하고 있습니다.

또 후우라이의 고객 중에는 먼저 구매해 본 친구나 회사 동료의 추천을 받아서 홈페이지를 찾아오는 사람이 많습니다. 인터넷 판매인데도 오프라인의 입소문에 큰 도움을 받는 것입니다. 그러니 인터넷 판매라는 이유로 상품을 발송하고 끝내는 게 아니라, 주문자에게 '발송 메시지'를 보내거나 택배 상자 안에 상점 이름이 적힌 홍보물을 넣는 등 후속 관리에도 신경을 써야 합니다.

## 얼만큼 파느냐보다 얼마나 남기느냐가 중요하다

사업을 제대로 하려면 '얼만큼 파느냐'보다 '얼마나 남기느냐'를 생각해야 합니다. 즉, 매출보다 '이익'이 중요하다는 것입니다. 매출이 양호해도 원가율이 높으면 이익이 줄어듭니다. 여기서 원가율이란 매출 중 경비가 차지하는 비율을 말합니다.

후우라이에서는 상품을 세 부문으로 나누고 있습니다.

① 신선 부문(신선식품, 주로 채소 세트), ② 자가 가공 부문(절임, 과자 등), ③ 매입 판매 부문(제휴 농가나 자연식품 도매상에서 매입한 것)입니다.

후우라이의 원가율 목표는 신선 부문이 20 %, 자가 가공 부문이 30 %, 매입 판매 부문이 70 %입니다.

신선 부문의 원가율이 대단히 낮은 것은(일반 농가의 원가율은 50 %. 인건비를 포함하면 70 %) 대형 농기계를 쓰지 않는 데다 탄소 순환 농법(무비료 재배)을 도입한 후로 비료값이 거의 들지 않기 때문입니다.

원가율에 얽매여 장점을 발휘하지 못하는 사태는 당연히 피해야겠지만, 원가율과 이익을 우선하는 태도를 늘 유지해야 합니다. 그러면 역량을 어디에 집중해야 할지 저절로 알게 되어 향후 지침을 세울 수 있게 됩니다.

## '직접 만드는 능력'은 경영의 수비력

일반적으로는 매출을 올리고 자금을 모집하는 등 적극적으로 돈을 모으는 공격력에 집중하기 쉽지만, 경영을 하려면 지출을 줄이는 수비력도 중요합니다. 원가율을 낮추고 설비비를 줄여서 경영의 수비력을 높여야 합니다.

농업은 자연에 기대어 하는 일이므로 농가마다 논밭의 상황이 제각각입니다. 그래서 예로부터 자신의 논밭에 맞게 농기구를 개량해서 쓰는 농부가 많았습니다. 시판되는 제품만으로는 부족하고 그렇다고 특별 주문을 하자니 가격이 너무 비싸지기 때문입니다.

선배 농사꾼 중에는 태연한 표정으로 용접을 능숙하게 해내는 사람이 있습니다. 그는 저에게, '없으면 사야지'가 아니라 '없으면 만들어야지'라고 생각하는 버릇을 들여야 한다고 말했습니다.

저도 지출을 줄이는 데 관심이 많습니다. 개업 3년 차에 점포이자 공장 겸 자택을 지었을 때도 설비비를 되도록 아끼고 싶어

이것저것 궁리했습니다. 게다가 당시에는 겨울이 되면 시간이 남아돌 정도로 한가해서, 장래에 대한 불안감을 떨치기 위해서라도 부지런히 몸을 움직여야 했습니다. 그래서 책상과 상점 카운터, 상품 진열장 등을 직접 만들었습니다. 그 결과, 전동 톱, 전동 그라인더, 전동 드라이버 등을 마련하느라 초기 비용이 조금 들긴 했지만, 총비용을 따져보면 재료비와 공구 구입비를 다 합쳐도 비슷한 물건을 살 때 드는 비용의 절반도 들지 않았습니다.

공구를 이렇게 한번 갖추어 두면 필요한 물건이 생길 때마다 오리지널 작품을 만들 수 있습니다. 그전에는 가구나 소품을 직접 만들어 본 적이 한 번도 없었습니다. 그러나 자꾸 만들다 보니 솜씨가 점점 좋아졌습니다(물론 나무를 잘못 잘라서 실패하기도 했지만요).

일찍부터 이런 경험을 했던 것이 다행입니다. 그 덕분에 농기계가 고장 났을 때 곧바로 수리 센터를 찾아가지 않고 스스로 해결할 방법을 찾게 되었고, 한 번 스스로 해결한 뒤에는 그때 파악한 구조를 참고하여 다른 고장에도 대처할 수 있게 되었습니다.

일본은 농업 인구가 고령화되어 농기구나 농기계, 비닐하우스를 방치하는 농가가 늘고 있습니다. '가지러 오기만 하면 농기구나 농기계를 공짜로 주겠다'라고 말하는 사람도 많습니다(지자체 농촌지원과 직원이나 농업 동료들을 평소에 잘 사귀어 두면 그런 정보를 얻을 수 있습니다). 농가를 경영하는 사람은 이렇게 비용을 아끼는 능력, 특히 '스스로 만드는 능력'을 갖추어 경영의 수비력을 강화할 필요가 있습니다.

## 개인 브랜드 만드는 방법

후우라이에서는 절임과 가공식품에 붙일 라벨을 직접 만듭니다. 그 라벨에는 반드시 '하라 씨' 마크(컬러화보 4쪽)가 들어갑니다. 판매를 촉진하기 위한 '무첨가' 등의 마크는 오히려 작게 넣습니다. '하라 씨'란, 제가 대학 시절부터 사용했던 인터넷상의 닉네임입니다.

제가 이 표시를 쓰기 시작한 것은 귀농 당시 제정된 '유기 JAS(Japanese Agricultural Standard)법' 때문이었습니다. 유기 JAS법이란 인증 단체에 인증을 받으면 '유기농'이라고 표시할 수 있는 제도입니다. 당시 표시 기준이 모호해서 법적 정비가 필요하다는 생각이 들긴 했지만, '유기농' 표시의 신뢰성은 영원히 유지될 듯했습니다. 그 후 '유기 JAS 인증 농약', '유기 JAS 인증 비료'가 차례차례 출시되었습니다. 물론 둘 다 안전한 상품이었지만 무언가 찜찜했습니다. 예전부터 있었던 농약과 화학 비료가 '인증 농약', '인증 비료'라는 이름을 달고 '유기농'이 되었는데, 재래 방식으로 하나하나 직접 만든 진짜 유기농 비료도 똑같은 '유기농'이었기 때문입니다. 내용은 다른데 표시는 똑같았던 것입니다.•

대량으로 판매하는 상품에 일정한 기준이 필요한 것은 사실이

---

• 국내에서는 농림축산식품부에서 발행하는 유기농(ORGANIC) 마크가 있다. (역주)

지만 그런 방식으로 농가의 철학과 노력까지는 전달할 수 없다고 생각했습니다. 후우라이는 소규모인 만큼 고객에게 진심을 전하고 싶었습니다. 그래서 개인의 신뢰를 높이려고 제가 만들어 낸 것이 개인 브랜드인 '하라 씨'입니다.

'하라 씨 표시'가 붙어 있으면 아무 설명이 없어도 인체에 안전한 무첨가 식품이라는 뜻입니다. 고객이 '하라 씨뿐만 아니라 하라 씨가 소개하는 상품도 믿을 만하다'라고 생각하게 된다면 공공기관의 인증 따위는 필요 없어질 것 같았습니다. 작은 상점의 가장 내세울만한 가치는 '가게 주인의 인품'입니다.

반면, 업체의 규모가 커질수록 점주를 전면에 내세우기가 어려워집니다.

후우라이의 홈페이지에도 '하라 씨'가 큼직하게 표시되어 있습니다. 홈페이지에서는 채소 세트와 수제 절임, 과자 외에 무첨가 조미료도 판매하는데, 조미료는 종류가 하나뿐입니다.

유기농 식품점에 가면 무첨가 간장만 해도 10종류 이상 진열되어 있지만, 후우라이에서는 하라 씨가 실제로 평소에 사용해서 맛, 안전성, 가성비가 뛰어나다고 느낀 것 한 종류만 취급하기 때문입니다.

후우라이의 채소를 먹어 보고 만족한 고객은 다음에 그 무첨가 조미료를 구매할 가능성이 큽니다. 후우라이는 유기농, 무농약, 무비료, 자연 농법 등 다양한 농법을 섞어서 쓰고 있습니다. 그래도 제 개인의 철학과 방침만 확실히 밝힌다면 설사 농법이 달라져도 고객의 신뢰는 흔들리지 않을 것입니다. 규모가 작으므로 개인을 전면에 드러내야 합니다.

## 농부가 '프레젠테이션 능력'을 높여야 하는 이유

가족끼리 일하다 보면 시야가 좁아질 위험이 있어서, 연수 시절에 알게 된 동료들과 15년째 학회를 진행하고 있습니다. 이 학회를 통해 서로 정보를 교환하고 자극을 줄 뿐만 아니라 각 개인 브랜드의 신뢰도를 높일 수 있습니다. 또 동료의 상품을 자신의 고객에게 판매할 수도 있습니다. 동료의 상품을 판매하면 취급 품목이 늘어나는 데다 많든 적든 수수료도 벌 수 있으니 서로에게 이득입니다.

예전에는 이 학회에서 작물 재배에 대한 정보를 주로 나누었지만, 언젠가부터 근황 보고를 우선하게 되었습니다. 앞으로 모든 농부는 근황 보고에 필요한 '프레젠테이션 능력'을 갖추어야 한다고 생각했기 때문입니다('프레젠테이션'이란 팔고 싶은 상품이나 통과시키고 싶은 기획을 효과적으로 전달하여 상대를 설득하는 기법입니다.).

우리 학회의 절대 규칙은 '다른 사람이 이야기하는 동안에는 집중하여 듣는다'입니다. 그날의 발표자는 15분간 주어진 주제(예를 들어 '5년 후의 자신' 등)에 대해 프레젠테이션을 진행합니다. 다른 사람 앞에서 이야기하려면 생각을 정리해야 하므로, 이 모임은 각자 자신을 재점검하는 좋은 기회이기도 합니다. 그런데 일본인의 특성인지 농업의 특성인지 농부들이 모이기만 하면 '요즘 농업이 너무 어렵지만……'이라는 말을 상투어처럼 쓰는 것이 안타깝습니다. 이는 부정적인 자기 암시를 거는 언어 습관이므로 당장 고쳐야 합니다.

모처럼 농업이 재평가되는 시대입니다. 기회를 살리고 싶다면 좀 더 긍정적인 말을 쓰도록 노력합시다.

같은 상품을 산다면, 고객은 분위기가 어두운 가게와 밝은 가게 중 어디에서 물건을 사고 싶을까요? 당연히 밝은 곳에서 사고 싶을 것입니다.

저도 물론 힘들 때가 있지만, 블로그에서는 절대 일에 대해 불평하지 않습니다. 어디에라도 힘든 심정을 털어놓고 싶다면 종이로 된 일기장에 쓰면 됩니다. 블로그 글은 언제나 '고객이 읽고 있다'라는 생각으로 써야 합니다. 그러면 글에도 변화가 생길 것입니다.

프레젠테이션 능력을 향상하기 위해 SNS인 트위터를 활용해도 좋습니다. 트위터의 글은 140자로 제한되어 있으므로 쓸데없는 말을 줄이고 글을 예리하게 만드는 훈련을 하기에 적합합니다.

아무리 훌륭하게 키운 채소라도 알려지지 않으면 존재하지 않는 것과 마찬가지입니다. 모처럼 개인이 정보를 발신하는 시대가 되었으니 블로그, 트위터와 페이스북에서 매일 프레젠테이션한다는 생각으로 적극적으로 표현해 봅시다.

## 큰 차이를 만드는
## '캐치프레이즈'와 '콘셉트'

캐치프레이즈와 콘셉트는 프레젠테이션의 메시지를 압축하여 표현하는 문구입니다.

후우라이의 캐치프레이즈는 '일본에서 제일 작은 전업농가'입니다. 콘셉트는 '안전하고 맛있어서 매일 먹을 수 있는 맛과 가격'입니다.

홈페이지나 홍보물은 직접 만들기 어려우면 전문가에게 맡겨도 되지만, 캐치프레이즈와 콘셉트는 반드시 직접 만들어야 합니다. 그러지 않으면 흔한 업체 중 하나가 되어버립니다. 캐치프레이즈와 콘셉트만 정해지면 경영에 방향성이 잡힙니다. 사실은 이때까지가 제일 어렵습니다.

캐치프레이즈는 그야말로 '캐치'가 중요합니다. 즉, 듣는 사람의 귀를 사로잡고 뇌리에 새겨져야 합니다. 후우라이의 캐치프레이즈는 '일본에서 제일'이라는 말과 '작다'라는 말 사이의 격차 때문에 금세 기억에 남습니다. 자신의 특기와 장점을 표현하면서도 기억에 남기 쉬운 문구를 떠올려 봅시다. 말의 격차를 어떻게 활용하느냐가 포인트입니다.

이웃의 농업 선배인 하야시 농산의 캐치프레이즈는 '23세기형 익살꾼 농부'입니다. 농업과 익살의 조합도 의아한데, '게다가 23세기라니 무슨 뜻이지?'라고 고개를 갸웃거리게 만드는 말입니다. 사실 이 말은 '200년 후의 자손에게 농지를 남겨 주기 위해 농업의 장점을 유머러스하게 전하는 농가'라는 뜻으로, 진지한 의미를 담고 있으면서도 상당히 신선한 느낌을 줍니다.

일본인은 익살을 좋아합니다. 옛날 개그를 연발하는 사람을 바보 취급하면서도 상품명을 지을 때마다 유머 감각을 발휘하려고 애씁니다. 농업 종사자들은 그런 감각이 부족한 경향이 있으니 특히 신경 쓸 필요가 있습니다.

예를 들어, 유머 감각을 발휘한답시고 캐치프레이즈를 '농부 나부랭이'이나 '빈농' 등 부정적인 말로 정하는 사람이 있습니다. 기억에는 남겠지만 부정적 이미지만 준다면 오히려 역효과가 날 수 있습니다. 결국 농부에 대한 이미지만 나빠집니다. 그런 의미에서 농업에 대한 자학 개그나 동료끼리 서로 깎아내리는 우스갯소리도 절대 금물입니다.

한편, 콘셉트는 구체적이고 실제적이어야 합니다. 저도 처음에는 '농업의 미래를 창조(상상)한다'라는 말부터 떠올렸습니다. 어쩐지 멋져 보이기는 하지만 너무 막연한 말입니다.

콘셉트는 캐치프레이즈보다 늦게 완성되어도 괜찮습니다. 사업을 하면서 천천히 정해도 되고 도중에 바꾸어도 됩니다. 지금 후우라이의 콘셉트는 바텐더 시절 스승에게서 배운 '고객이 또 오게 만드는 서비스를 지향하라'라는 교훈을 바탕으로 만들어졌습니다.

또, 주변을 공격하는 콘셉트도 피해야 합니다. 무농약과 무첨가를 강조하느라 일반 상품을 공격하는 어조로 말하는 사람이 많은데, 그런 말을 듣다 보면 기분이 그다지 좋지 않습니다. 동화 속

'해와 바람'에서의 '해'가 되어야 합니다. 환경의 시대, 생명의 시대가 열리면서 농업의 이미지도 점점 좋아지고 있습니다. 게다가 선조들 덕분에 '농부는 성실하다'라는 생각도 여전히 뿌리 깊습니다. 선조에게 감사하는 마음으로, 알맞은 캐치프레이즈와 콘셉트를 찾아봅시다. 농부의 힌트는 논밭에 숨어 있습니다. 제가 그랬듯 눈을 크게 뜨고 농사일을 하다 보면 영감이 떠오를 것입니다.

5
장

# '농업'으로 패러다임을 바꾼다

## 농부로서 누리는
## '두 가지 사치'

2011년의 마지막 날, 어느 라디오 프로그램에서 '당신의 진정한 풍요는 무엇인가'라는 주제로 특집 대담을 개최했습니다. 그때 제가 별생각 없이 응모한 글이 준우승 작품으로 선정되었습니다. 그 내용은 이렇습니다.

'농업을 시작한 후 농부로서 누릴 수 있는 사치에는 두 종류가 있음을 알게 되었습니다. 하나는 값비싼 최고급 된장을 사 먹을 수 있는 사치, 또 하나는 내 손으로 콩을 키우고 된장을 만들 수 있는 사치입니다. 첫 번째 사치는 혼자 누리고 싶지만 두 번째 사치는 나누고 싶습니다. 나눌 수 있는 사치야말로 진정한 풍요가 아닐까 합니다.'

라디오 프로그램 제작진은 그해 3월에 일어난 충격적인 동일본

대지진을 생각하며 '진짜 풍요란 무엇일까?'라는 질문을 던졌을 것입니다. 그 사건을 계기로 많은 사람의 가치관이 달라진 것 같습니다.

이 책을 선택한 당신 역시 지금의 세상, 좁게는 자신이 처한 현실에 의문을 품고 있을지도 모르겠습니다. 단순히 돈을 벌고 싶을 뿐이라면 저처럼 멀리 돌아갈 필요가 없습니다. 주식 매매처럼 더 직접적인 수단이 얼마든지 있으니까요. 그러나 지금 새로운 가치관에 따른 진정한 풍요를 깨달은 사람들이 전국 각지에서 '농업'을 지향하고 있음을 느낍니다.

## '행복을 주는 사람'의 공통점

예전에 회사를 다닐 때는 매출이 전부였고 전년 대비 초과 달성이 세상에서 가장 중요한 과제였습니다. 그대로 있으면 목표 달성에 영원히 쫓기며 살게 될 것만 같아서 본가가 있는 이시카와현으로 돌아왔습니다. '이제는 나 자신과 가족의 행복을 위해 일하고 싶다'라는 생각뿐이었습니다.

그때 '행복이란 무엇일까?'라는 질문이 퍼뜩 떠올랐습니다. 말할 것도 없이 누구나 행복해지고 싶고 불행해지기는 싫으니까요.

바텐더 시절에 스승에게서 '서비스직의 사명은 나를 찾아온 고객이 그 자리, 그 시간을 행복하게 느끼도록 만드는 것'이라고 배웠습니다.

당시에 저는 공부 핑계를 대고 이런저런 바(Bar)를 돌아다니며 다양한 칵테일을 맛보았습니다. 그러면서 의외의 사실을 깨달았습니다. 콩쿠르에서 우승한 칵테일은 당연히 맛있었지만 이상하게도 그것을 서비스하는 바가 편치 않았던 것입니다.

반대로 처음 갔는데도 무척 편안하게 느껴지는 곳이 있었습니다. 왜 그런가 하고 살펴보았더니, 편안한 가게에는 가게 주인의 가정이 안정되어 있다는 공통점이 있었습니다. 즉 남에게 행복을 주려면 내가 먼저 행복해져야 합니다. 그리고 개인적 삶(가정)이 안정된 사람만이 남에게 행복을 줄 수 있습니다. 후우라이를 개업할 때도 이 사실을 잊지 않으려고 노력했습니다.

## 새 시대의 사업 전략은<br>스트레스를 주지 않는 '매출 기준 금액'

제가 후우라이를 개업한 것은 고객과 가장 가까운 서비스직의 관점에서 보니 농업에 새로운 비즈니스 기회가 있다고 판단했기 때문입니다. 그래서 경영에도 서비스직의 관점을 적용하기로 했습니다. 그것이 '매출 기준 금액'입니다.

일반적인 기업에서는 '매출 목표 금액'을 설정합니다. 이것은 다시 말해 '목표 이상의 매출을 달성해야 한다'라는 '실적 목표'입니다.

하지만 '매출 기준 금액'은 기준 금액의 '플러스, 마이너스 5 % 이내로 매출을 유지하겠다'라는 사고방식입니다. 매출 기준 금액의 95 %

미만을 달성했다면 매출이 저조했던 이유를 분석하고 반성합니다.

한편 매출 기준 금액의 105 % 이상을 달성하더라도 이유를 분석하고 반성합니다. 일을 너무 많이 하지는 않았는지, 가족과의 시간을 충분히 갖지 못한 것은 아닌지 돌아본다는 뜻입니다.

이 '매출 기준 금액'은 최종 목표에서부터 역산하여 정하면 됩니다. 최종 목표란 '가족의 행복'입니다. 즉 소득(이익)이 얼마나 되어야 가족이 행복하게 지낼 수 있는지, 그만한 소득을 얻으려면 매출은 얼마가 되어야 하는지 계산하는 것입니다.

후우라이의 매출 기준 금액은 아이의 탄생과 성장에 따라 조금씩 늘어나다가 2012년부터는 현재와 같은 1,200만 엔으로 안정되었습니다(소득(이익) 기준으로는 600만 엔). 참고로 2005년에 미국 갤럽사가 132개국의 45만 명을 대상으로 연소득과 행복도의 관계를 조사했는데, 그 결과를 보면 연소득이 630만 엔일 때 행복도가 제일 높고 그 전후로 행복도가 점점 낮아지는 것으로 밝혀졌습니다.

연소득이 계속 높아지더라도 어느 지점부터는 행복도가 높아지기는커녕 오히려 낮아진다는 것입니다. 소득이 커질수록 일의 스트레스가 커지는 데다 일에 할애한 시간과 일해서 번 돈이 주는 만족감이 상쇄되기 때문이라고 하는데, 회사원 시절에 곁눈으로 보았던 고소득자들의 모습을 떠올리니 충분히 이해되었습니다. 그리고 저 역시 지방에서는 600만 엔 정도만 벌어도 심신이 풍족해진다는 사실을 피부로 느끼고 있습니다.

'매년 변동한다고? 그럼 매출 기준 금액과 매출 목표 금액이 뭐가 달라?'라고 생각할지도 모르겠습니다. 그러나 실제로 이 기준을 도입한 후 후우라이에는 많은 변화가 일어났습니다.

경영자에게 스트레스를 제일 많이 주는 요소가 '매출'일 것입니다. 매출이 어느 정도 되어야 마음에 여유가 생기기 때문입니다. 그래서 매출을 올리는 것을 최우선으로 삼아 주문을 무리하게 받고, 물량이 부족하더라도 다른 곳에서 융통해 가면서까지 그 주문을 다 소화하려고 애쓰는 것입니다. 그러나 현재 후우라이는 간판 상품인 채소 세트의 주문량을 하루 8세트(4월~5월 중순까지의 간절기에는 5세트)로 제한하고 있습니다. 다른 상품의 주문도 함께 들어오므로 이 정도면 충분히 매출 기준 금액을 달성할 수 있습니다. 또, 이렇게 했더니 향후 주문을 예측할 수 있어서 연간 계획에 따라 밭일을 하게 되었고 밭을 확대할 필요도 없어졌습니다.

판매 방식도 달라졌습니다. 전에는 유명 백화점이나 고급 레스토랑에 상품을 납품하면 후우라이의 지위가 높아진다고 생각했고, 많이 사 주는 거래처에 무조건 감사했습니다. 그러나 무엇이 팔릴지 미리 알고 정해진 양을 판매할 수만 있다면 개인 고객에게 직접 판매하는 방식이 (판매 수수료도 없으니) 가장 큰 이익을 남깁니다. 또, 개인 고객과는 서로 융통성을 발휘할 수도 있으므로(상품이 없을 때는 '없다'고 말할 수 있고, 반대로 고객의 요청을 들어줄 수 있습니다.) 스트레스를 받을 일이 거의 없습니다.

후우라이의 신선 부문 원가율이 20 %(일반 농가의 원가율은 70 %, 인건비를 빼도 50 % 이상)라고 앞서 말했는데, 개인 고객 판매에 주력

할 수 있는 것은 이처럼 원가율이 낮기 때문입니다.

현재 후우라이에서는 채소를 도매하지 않습니다. 채소 세트는 직판으로만 판매합니다. 이런 점에 착안하여, '미슐랭 레스토랑에서도 먹을 수 없는 후우라이의 채소, 당신의 가정에서는 드실 수 있습니다'라는 새로운 캐치프레이즈를 도입해 볼까 싶습니다.

이 '매출 기준 금액'은 실천하면 할수록 혁신적인 사고방식이라는 생각이 듭니다. 목표액에서부터 역산하여 매출 금액을 정하는 것은 다가올 시대에 '작은 농업' 뿐만이 아닌 모든 분야의 창업자가 참고할 만한 사고방식이 아닐까요?

## 눈물의 감사 전화 한 통

어느 날 후우라이에 한 통의 전화가 걸려 왔습니다. 나가노의 한 캠프장에 채소를 보내 달라는 것이었습니다.

그 고객은 다중화학물질과민증* 때문에 가나가와현의 자택에서 살 수도, 호텔에서 지낼 수도 없어서 캠핑장에서 임시로 살고 있었습니다. 유기농 채소를 먹었는데도 거부 반응이 일어나 목이

* 일상생활에서 흔하게 사용되는 낮은 농도의 화학물질에 노출 시 불편감이나 증상이 나타나는 비특이적인 증후군을 말한다. 다중화학민감증, 복합화학물질과민증이라고도 불린다.(역주)

후우라이 님께

항상 감사합니다. 〈(_ _)〉
저번에 염치없는 부탁을 드렸는데도
채소를 산더미처럼 보내 주셔서 정말 감사했습니다.

택배를 받자마자 소금물로 데친 브로콜리부터 먹었는데,
목도 붓지 않고 숨도 차지 않았습니다.
브로콜리가 그냥 스윽 하고 몸속으로 들어갔습니다.•

어찌나 달고 맛있었는지, 그 감동을 잊을 수 없습니다.

후우라이 님의 애정 가득한 채소 덕분에 활기를 충전할 수 있었습니다.
너무너무 감사합니다.

여러분의 친절과 도움으로 하루하루 생활하고 있습니다.
진심으로 고맙습니다.

감사의 마음을 담아...

붓는 탓에 아무것도 못 넘기게 될 때가 많았다고 합니다. 그런 상황을 알면서 채소를 보내려니 솔직히 부담되었지만, 보내고 난 후 메일과 전화로 절절한 감사 인사를 들을 수 있었습니다. 고객은 전화로 "정말 잘 먹었어요. 감사합니다!"라며 울먹이기까지 했습니다. 결국 저희도 감동해서 함께 울고 말았습니다.

그때 '서비스업의 관점으로 농업을 보겠다'라는 저의 생각이 얼마나 건방졌는지 깨달았습니다. '서비스업의 사명은 남을 행복하게 하

• 이 고객의 경우에 일반 채소를 입에 넣는 순간 목이 부어 아무것도 넘길 수 없다고 합니다.

는 것'이라는 바텐더 스승의 가르침을 되새기면서, '농업은 생명의 원천을 키워내는 진정한 서비스업'이라는 자부심을 갖게 되었습니다. 이렇게 생각이 바뀐 뒤로 후우라이의 경영도 더 안정되었습니다.

## 후우라이식 '탄소 순환 농법' 시스템

2012년에는 더 안전한 채소를 키우기 위해 채소 재배 방식을 무비료 재배(탄소 순환 농법)로 전면 전환했습니다. 3장에서도 '탄소 순환 농법'을 소개했지만, 여기서는 그 내용을 좀 더 구체화한 후우라이식 '탄소 순환 농법' 시스템을 소개하겠습니다.

### 이랑 만드는 방식

'탄소 순환 농법'은 사상균이 탄소(낙엽 등)를 분해할 때 채소 뿌리에 양분이 공급되는 현상을 이용하는 농법입니다. 그런데 사상균이 물에 약하므로 이랑을 높이 세워 배수가 최대한 잘되도록 해야 합니다. 따라서 일반 밭의 이랑 높이는 20~30 cm 정도인 데 비해 후우라이의 밭이랑은 40 cm 이상으로 높습니다. 참고로 후우라이의 모든 이랑 폭은 1.5 m로 정해져 있습니다.

### 탄소 자재(낙엽) 뿌리기

세워진 이랑에 낙엽 등 탄소 자재를 1 $m^2$당 1 kg씩 뿌립니다. 그 다음 겉흙을 가볍게 섞어 평평하게 고르고, 그 위에 잘게 썬 낙엽 등을 똑같이 1 $m^2$당 1 kg씩 뿌립니다. 그 위에 비닐 멀칭을 덮습니다. 어떤 채소를 키우든 똑같이 하면 되니 전혀 어렵지 않습니다.

## 비료 성분이 전혀 없는 메마른 밭이라면

후우라이식 '탄소 순환 농법'은 무비료 재배의 일종으로, 밑바탕의 토양이 비옥할 때만 적용할 수 있는 농법입니다. 따라서 영양분이 너무 없어서 잡초도 나지 않는 메마른 밭에서는 탄소 순환 농법을 쓸 수 없습니다.

밭이 만약 그런 상태라면, '탄소 순환 농법'을 처음 도입하려고 이랑에 탄소 자재를 뿌릴 때 계분(닭똥)도 함께 뿌려 줍니다(1 $m^2$당 1 kg). 그 후에는 앞서 소개한 방법대로 채소를 키우면 됩니다.

처음에 계분을 뿌리니 엄밀히 말해 무비료 재배가 아니라고 할지도 모르지만, 그것은 그리 중요하지 않습니다. 채소는 법률(사람이 정한 규율)이 아니라 법칙(자연의 섭리)에 따라 자라기 때문입니다. 저도 이제는 '수확한 채소가 안전하다면 별문제가 없다'라고 유연하게 생각하게 되었습니다.

## '탄소 순환 농법'의 장점과 단점

지금까지 채소를 키우면서 '탄소 순환 농법'에 많은 장점이 있음을 알게 되었습니다. 일단 병충해가 잘 생기지 않고 후반의 수확량이 많으며 수확 기간도 길다는 점을 꼽을 수 있습니다. 또, 비료를 사지 않으니 비료값이 들지 않고, 수확한 채소가 맛이 좋은 데다 오래 보관해도 잘 상하지 않습니다.

하지만 단점도 있습니다. 땅에 비료 성분이 없어서 채소의 초기 성장이 늦고, 사상균이 물에 약한 탓에 비가 오랫동안 오면 채소의 성장 속도가 현저히 떨어진다는 것입니다. 또, 수확량이 안정되기까지 시간이 걸리는 것도 단점입니다(밭 상태에 따라 다르겠지만 길면 3년까지).

'탄소 순환 농법' 자체는 '단순 농법'이라고 불릴 만큼 단순해서 어려울 것이 없습니다. 다만 제가 그랬던 것처럼, 농업에 대한 기존의 상식과 정반대되는 점이 너무 많아서 때때로 당황할 수 있습니다. 저는 도입 초기에 채소의 초기 성장이 유난히 늦어서 원래 수확해야 할 시기에 수확을 못 했던 적도 있습니다. 그땐 어쩔 수 없이 채소 세트 판매를 중단해야 했으므로 불안하여 한동안 잠을 설쳤습니다(결국 한 달 늦게 수확했습니다).

어떤 농법이든 장단점을 미리 알아 두면 좋습니다. 또 새로운 농법을 전면 도입하고 싶더라도 위험을 분산하기 위해 일단 밭의 일부에서 시험해보고 나서 전면 확대하는 것도 좋습니다. 확실히 알기 전까지 신중하게 접근해야 합니다.

## 벌레 먹은 채소는 정말로 안전한가 : '질산태 질소' 함량에 주목

벌레 먹은 채소라면 안전하다고 생각하는 사람이 많은데, 과연 그럴까요?

후우라이에서는 처음부터 유기농으로 채소를 재배했습니다. 그래서 채소가 잘 자라지 않거나 벌레가 꼬이면 땅이 메말라서 그렇다고 생각하고 퇴비나 유기질 비료를 넉넉히 뿌렸습니다. 하지만 그럴수록 해충 피해가 심각해졌습니다.

그러던 어느 날, 우연히 떨어진 씨앗이 발아한 듯, 비료를 전혀 주지 않은 곳에서 자라난 배추에 벌레가 전혀 생기지 않았다는 사실을 깨달았습니다. 배추는 원래 무농약으로 키우기 가장 어려운 채소인데도 말입니다. 이 일을 계기로 '탄소 순환 농법'을 도입했습니다.

채소를 키울 때 기본적으로 필요한 영양소가 질소, 인산, 칼륨입니다. 그중에서도 질소가 많아야 채소가 크게 자란다는 것이 기존의 농업 상식입니다. 하지만 질소가 너무 많아지면 채소의 체내에서 해충을 끌어들이는 '아미노산'과 '아미노산아미드'가 발생합니다. 게다가 이 아미노산을 만드는 데 세포벽의 성분인 당류가 쓰이므로 결과적으로 채소의 세포벽이 얇아져 병에 더 취약해지게 됩니다. 이런 식으로 채소를 크게 키우려고 비료를 많이 주면 오히려 병충해가 심해지고, 그것에 대처하기 위해 다시 농약을 뿌리는 악순환이 이어졌던 것입니다.

질소(질산태 질소) 함량이 많은 채소는 아린 맛이 나는 데다 사람 몸에도 좋지 않습니다. (EU는 질산태 질소에 관해 '시금치 등은 3,500 ppm 이하'라는 기준을 정해 두었지만 일본에는 아직 아무런 기준이 없습니다).

후우라이도 질산태 질소 함량을 안전한 채소의 지표 중 하나로 삼고 있습니다(최소한 EU 기준 이하가 되도록 관리합니다). 질산태 질소 함량이 줄어들면 채소의 뒷맛이 깔끔해지고 보관 기간도 길어집니다. 앞으로는 일본에서도 질산태 질소 함유량이 주목받게 될 것입니다.

## '우리 집 농장' 이라는 발상

전 세계에서 자유 무역이 빠른 속도로 진행되고 있습니다. 그래서 농산물 가격이 싸진다는 뉴스도 자주 들립니다. 그런데 과연 생명의 원천인 식품을 '싸다' '비싸다'로만 평가해도 괜찮을까요? 제가 이렇게 말하는 것은 지금이 식품이 넘치는 시대이기 때문입니다. 자신이 영원히 선택권을 휘두를 수 있다는 듯 의기양양한 사람들을 보면 걱정이 됩니다.

만약 일본의 농가들이 다 사라진다면 우리는 좋든 싫든 외국산 유전자 조작 식품을 먹을 수밖에 없습니다. 저도 과대망상이길 바라지만, 실제로 멕시코에서는 FTA(자유 무역 협정)가 체결된 후 농업을 관리하던 공공기관이 해체되었고 미국의 대자본이 시장을 독점하는 일이 벌어졌습니다. 식량 자급률이 이토록 낮은 일본이 식품과 농업의 미래에 이토록 무관심한 것은 어떤 의미에서 굉장한 일입니다.

반면, 한창 통화 위기에 빠져 있던 그리스로 여행을 다녀온 친구가 있었는데, 그의 말에 따르면 나라 전체의 분위기가 의외로 낙관적이었다고 합니다. 왜 그런지 물어보았더니, 식량 자급률이 140 %나 되는 나라여서 무슨 일이 있어도 굶어 죽지는 않을 것이라는 믿음이 있기 때문이라고 합니다.

국가 단위의 변화를 일으키기는 어렵겠지만, 식품의 중요성을 깨달은 개인이 급속도로 늘어나고 있습니다. 앞으로는 '주치의'나 '가족 변호사'가 있는 것처럼 '가족 농장'이라는 개념이 생겨나지 않을까 싶습니다.

앞서 언급한 동일본 대지진 때 후우라이로 주문이 쇄도했습니다. '정해진 가격의 두 배를 낼 테니 나한테 먼저 보내 달라'고 요구하는 고객도 있었습니다. 하지만 그럴 때일수록 오래된 고객을 우선해야 한다고 생각하여 평소의 정책(가격과 양)을 유지했습니다. 덕분에 감사 인사도 많이 들었고 고객과의 유대도 더 강해졌습니다.

예전에는 전쟁 등 유사시에 생명을 지켜 줄 '대피소'를 미리 만들어 두는 사람이 많았습니다. 그런데 지금은 대피소를 가진 사람이 얼마나 될까요? 그런 의미에서 꾸준히 거래하는 '가족 농장'을 만들어 두면 위험 분산에 큰 도움이 될 것입니다.

저와 같은 생각을 하는 사람이 대지진 재해 후에 특히 많아진 것 같습니다. 드러내서 말하지는 않지만 속으로 그렇게 생각하는 사람도 적지 않을 것입니다. 그러므로 제가 '가족 농장'의 개념을 제시하려고 합니다. 가족 농장은 현재의 필요도 채우고 미래도 대비하는 좋은 수단입니다. 그리고 꾸준히 구매하는 고객이 있으면 농가 측에서도 안심하고 농사를 지을 수 있을 것입니다.

## 언제나
## 대등한 관계로

벌써 15년 전 일이지만, 인도네시아 발리 섬에 신혼여행을 갔을 때가 떠오릅니다. 둘 다 한곳에 오래 머무르는 것을 좋아해서 우붓이라는 곳에 일주일간 숙박할 곳을 정했습니다. 그리고 도착한 첫날에 거리를 산책했습니다. 그러다 어느 공방에서 멋진 액세서리를 직접 만들어 파는 것을 보았습니다. 가격이 하나에 120엔 정도로 부담 없는 데다 갖고 다니기에도 편해 보여서 지인들에게 줄 기념품으로 사기로 했습니다.

5일 후에 가지러 오는 조건으로 총 50개를 주문했습니다. 그래서 주인에게 50개에 얼마냐고 물었더니 7,000엔이라고 대답했습니다. 뭔가 이상해서 천천히 계산해 보니 하나에 140엔으로 가격이 올라 있었습니다. 그래서 "가격이 싸지는 것도 아니고 비싸지다니, 말이 안 되잖아요."라고 항의했더니 주인이 "당신 때문에 며칠 동안 잠을 덜 자야 하니까 당연하죠."라고 대답하는 게 아니겠습니까?

묘하게 설득력 있는 대답이었습니다. 규모의 이익을 생각하면 말도 안 되는 논리였지만, 그때까지 몰랐던 중요한 무언가를 깨달은 느낌이었습니다. '소규모의 이익'을 생각해낸 것도 이런 경험 덕분이었는지 모릅니다.

현대의 일본인은 고객 위주의 권리 의식이 무척 강합니다. 인터넷도 그런 사고방식에 큰 영향을 미쳤으리라 생각합니다.

하지만 이런저런 상품 리뷰나 음식 리뷰를 살펴볼 때마다 '응? 이건 가게 잘못이 아닌 것 같은데?'라고 고개를 갸웃거리게 됩니다. 물자가 넘치는 시대라서 실감이 안 날지 몰라도, 파는 사람이 있으므로 사는 사람도 있다는 사실을 잊지 말았으면 합니다.

사회 분위기가 이렇게 흘러간 데에는 '고객은 왕이다'라는 말이 큰 역할을 한 것 같습니다.

예전에 어떤 고객이 전화로 무리한 요구를 하기에 안 된다고 이야기했더니 "고객은 왕 아니에요?"라고 항의해서 당황했던 적이 있습니다. 그래서 저도 모르게 "그 말을 예수님이 했나요? 부처님이 했나요? 그냥 어떤 가수가 했던 말 아닌가요?"라고 쏘아붙이고 말았습니다.*

물론 누가 더 높고 누가 더 낮은지 따지자는 것이 아닙니다. 돈을 매개 삼아 판매자와 구매자가 대등한 관계를 맺었으면 합니다. 그것이 후우라이의 상식입니다. 그러기 위해 고객에게 정말로 필요한 것을 공급할 수 있도록 제가 먼저 노력하겠습니다.

## 후우라이식 '공사 혼동론'

'공사 구분이 없다'라는 말은 부정적인 뉘앙스로 들리기 쉽습니다. 물론 공금 횡령 같은 짓은 절대 하면 안 되지만, 사람이 하는 일에 '공'과 '사'를 얼마나 명확하게 구분할 수 있을까요?

요즘 사람들은 '공'과 '사', '속내'와 '명분'이라는 이중 잣대를 나누어 쓰는 것을 당연히 여기는 듯합니다. 어쩌면 이중 잣대를 쓸 수밖에 없는 사회가 된 것 같기도 합니다.

저도 회사다닐 때는 직장인으로서의 제 자신과 개인으로서의 제 자신을 분리하며 살았습니다. 회사의 이윤을 우선한 의견과 개

* 일본의 가수 미나미 하루오(三波春夫, 1923~2001)의 말이 와전된 결과라고 한다. 원래 '나는 손님들 앞에서 노래할 때 신께 기도할 때처럼 잡념 없이 깨끗한 마음으로 완벽을 기한다. 손님을 신으로 보고 노래한다.'라는 말이었는데 여기서 '손님은 신이다'라는 말이 '손님은 왕이다'로 변형되면서 서비스 업계의 상투어처럼 쓰이게 된 것이다.(역주)

인적 의견을 명확히 구분한 것입니다. 그래서 개인적으로 동의하기 어려운 지시가 떨어져도 '공'과 '사'를 분리함으로써 자기모순 없이 그 지시를 따를 수 있었습니다. 극단적으로 말해, 사회에 불이익을 끼치는 일이라도 회사를 위해 실행해야만 했습니다.

지역 모임이나 환경보호 학회에서 의견을 발표할 때도 회사원 신분을 의식하여 듣기 좋은 말만 했습니다. 그러나 독립한 후로는 정반대가 되어, 표리부동한 사람이 되지 않기 위해 일상의 행동과 말을 일치시켜야 했습니다. 그러다 보니 제 말에도 그만한 무게가 실리게 되었습니다.

'농업은 행복하게 돈을 버는 일'이라고 앞서 말했는데, 이거야말로 공사 구분이 없는 말입니다. 삶의 방식 자체가 일이 되어야 행복하게 돈을 벌 수 있기 때문입니다.

지금의 저는 공적으로든 사적으로든 똑같은 사람입니다. 물론 책임은 져야겠지요. 그래도 제 자신에게 항상 솔직하게 살다 보니 자기모순이 없어졌습니다. 그런 스트레스에서는 완전히 해방되었습니다.

'장사꾼의 아이는 비뚤어지지 않는다'라는 말을 종종 듣습니다. 왜 이런 말이 나왔을까요?

장사꾼의 아이는 언제나 부모가 일하는 모습을 보고 자라기 때문이 아닐까요?

우리 집에서도 아이들의 일손을 종종 빌립니다. 그런 경험이 진정한 의미에서 '살아가는 힘'이 될 것이라고 믿습니다. 정보가 넘치는 시대이기 때문에 더더욱 부모가 일하는 모습을 곁에서 지켜보도록 해야 합니다. 그 교육적 가치는 이루 말로 표현할 수 없습니다.

당시 유행했던 '노동 시간 단축 운동'을 따라 하려던 것은 아니지만, 저도 처음에는 효율적으로 작업을 끝내고 쉬는 것이 최고라고 생각했습니다. 그러나 막상 후우라이를 운영하면서 수많은 감사 인사를 받다 보니 생각이 바뀌었습니다.

돈도 받고 감사도 받았습니다. 행복을 주고 저도 행복해졌습니다. 보람이 날로 커졌습니다.

예전에 저는 '주5일만 일해도 충분히 벌 수 있다'라는 말을 자주 했습니다. 그러나 지금은 틈만 나면 밭에 나갑니다. 밭에 있는 시간을 노동 시간으로 생각하면 장시간 노동을 하는 셈이지만, 이제는 밭을 돌보는 것이 제 삶의 낙입니다. 물론 가족끼리 외출하거나 쉬는 시간에는 확실히 쉽니다. 하지만 농작물은 돌보는 만큼 보답하는 법입니다. 이제 밭일은 저에게 돈 한 푼 들지 않는 최고의 취미가 되었습니다.

## 통장보다 소중한 '비밀 레시피'

저희 집에는 위급할 때 금고나 통장보다 먼저 챙겨야 할 물건이 있습니다. 그것은 제 어머니가 물려주신 '비밀 레시피 노트'입니다.

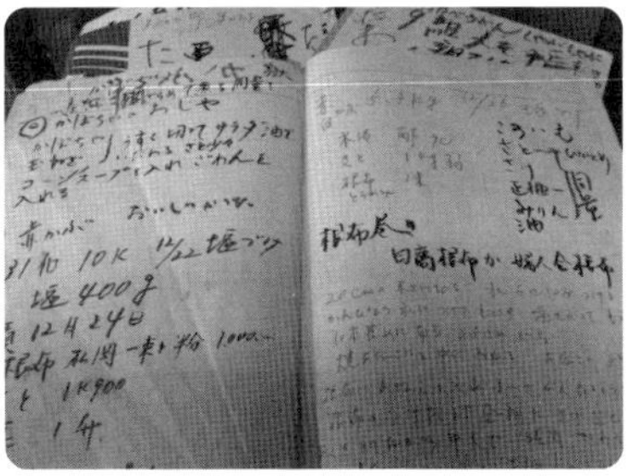 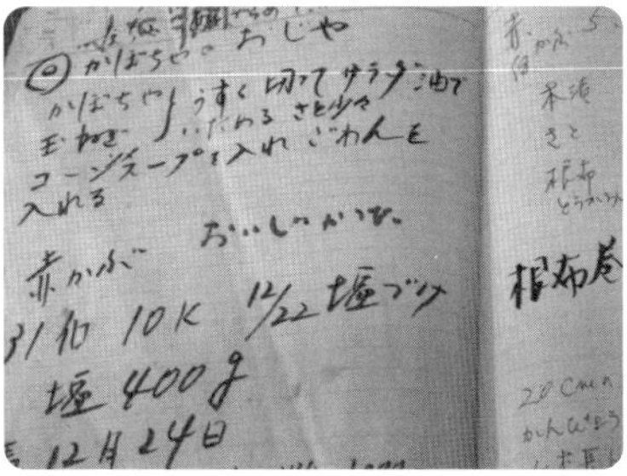

'비밀 레시피 노트'

어머니는 소위 '동네에서 음식 잘하기로 소문난 아주머니'였습니다. 어머니가 종종 이웃의 부탁을 받아 절임이나 도시락을 만들었기 때문에 저는 어릴 때부터 도시락 40~50개가 언제나 산더미처럼 쌓여 있는 집에서 자랐습니다.

지금 후우라이의 주력인 가공식품 대부분(김치, 절임, 틀초밥, 나물밥, 찰떡, 쑥경단 등)이 예전에 어머니가 만들던 음식에서 비롯되었습니다. 그런 어머니의 지혜가 '비밀 레시피 노트'에 가득 담겨 있습니다. 마음이 급했는지, 표지에는 붓펜으로 '피로슈키(러시아식 튀김만두)'라고 휘갈겨 쓰여 있고, 표지를 넘겨보아도 듬성듬성 내용이 이어지다가 한쪽씩 백지가 나타나곤 합니다. 요리에 욕심이 많았던 어머니의 자세를 지금도 배우고 싶습니다.

레시피를 데이터베이스로 만들어 보라고 권하는 사람도 있지만 숫자로 바꿀 수 있는 정보도 아니고 글씨마저 휘갈겨 쓰여 있어

암호처럼 해독해야 할 때가 많습니다. 도저히 데이터베이스로 만들 수 있는 물건이 아닙니다. 바꾸어 말해, 저 말고는 해석할 사람이 없는 물건일지도 모르겠습니다.

우리 부부도 '아이들에게 그런 지혜를 물려주고 싶다'고 항상 이야기합니다. 돈과 재산에는 상속세가 붙지만, 지혜에는 세금도 붙지 않습니다. 단, 되도록 해석하기 쉬운 암호로 기록해야겠지요.

## 가치관이 변하면 모든 것이 변한다

'보석', '옷', '음식', '물', '공기'.

일반적으로 귀하다고 생각되는 다섯 가지 물자를 평균 가격이 높은 순서대로 나열하면 이렇게 됩니다. 이 순서에는 현대 일본인의 가치관이 반영되어 있습니다. 그러면 이 다섯 가지를 생명에 꼭 필요한 순서로 바꿔서 나열하면 어떻게 될까요?

인간은 공기 없이 3분, 물 없이 3일, 음식 없이 3주밖에 살 수 없다고 합니다. 따라서 새로운 순서는 '공기', '물', '음식', '옷', '보석'이 될 것입니다. 아까와는 정반대입니다.

관점이 변하면 모든 것이 변합니다. 실제로도 재해 상황에서는 물과 음식이 가장 필요합니다.

농부가 되기 전에는 고향을 '아무것도 없는 곳'으로 생각했습니다. 하지만 농부가 되고 나서는 '뭐든지 있는 곳'으로 생각하게 되었습니다. 지금은 이곳을 정말 좋아합니다.

'땅에 발 딛고 사는 삶'은 안정감으로 가득합니다.

요즘 제가 입 버릇처럼 하는 말이 있습니다. '그건 생명적으로 어때?'라는 말입니다. 가격이나 맛뿐만 아니라 가치 판단의 기준을 '생명'에 두어야 한다는 뜻입니다. 특히 음식이 그렇습니다. 가격이 싸다고 해서 몸에 좋지 않은 음식을 계속 먹으면 언젠가 병에 걸릴 테니, 결국은 경제적으로도 손해를 보기 마련입니다. 심지어 돈으로 살 수 없는 생명까지 줄어들 것입니다.

생명의 원천인 식품을 키워내는 '농업'이란, 그 자체로 이미 고귀한 일입니다.

생명의 가치관에 비추어 보면, 농부야말로 시대를 선도하는 사람입니다. 혼자 100걸음을 전진하면서 시대의 흐름을 이끌며 걷는 사람도 중요하지만, 100명이 함께 움직인다면 한 사람이 두 걸음씩만 내디뎌도 총 200걸음을 전진할 수 있습니다.

패러다임을 바꾸어 성공한

# 청년 농부

초판 인쇄 | 2023년 4월 1일
초판 발행 | 2023년 4월 5일

지은이 | 니시타 에이키
옮긴이 | 노경아
펴낸이 | 조승식
펴낸곳 | 도서출판 북스힐
돌배나무
등록 | 1998년 7월 28일 제 22-457호
주소 | 01043 서울시 강북구 한천로 153길 17

전화 | 02-994-0071
팩스 | 02-994-0073
블로그 | blog.naver.com/booksgogo
이메일 | bookshill@bookshill.com

값 16,500원
ISBN 979-11-5971-453-5

* 잘못된 책은 구입하신 서점에서 교환해 드립니다.